本书的出版得到以下项目及课题的支持

国家国防科技工业局重大专项计划：基于高分数据的主体功能区规划实施效果评价与
辅助决策技术研究(一期)（00-Y30B14-9001-14/16）
国家重点研发计划：生态退化分布与相应生态治理技术需求分析（2016YFC0503701）
国家重点研发计划：全球多时空尺度遥感动态监测与模拟预测（2016YFB0501502）
中国科学院战略性先导科技专项（A类）："三生"空间统筹优化与决策支持（XDA19040300）

■ 主体功能区规划评价丛书

主体功能区规划
实施评价与辅助决策
京津冀地区

胡云锋　张云芝　戴昭鑫　等/著 …………
赵冠华　李海萍　龙　宓

科学出版社
北　京

内 容 简 介

本书采用遥感和地理信息系统，结合京津冀地区主体功能区规划目标及规划实施评价指标体系设计，采用时空格局变化的分析方法，开展了京津冀主体功能区规划不同时期国土开发、城市环境、耕地及生态保护变化特征与分阶段区域差异的分析，清晰刻画出不同功能区和不同时间段国土资源、生态环境变化规律及其与主体功能区规划的契合程度，并根据评价结果对未来规划提出决策建议。

本书可供广大地学和空间科学领域从事地理信息系统、城市规划、遥感等研究的科研人员及相关高等院校教师和研究生参考使用。

图书在版编目（CIP）数据

主体功能区规划实施评价与辅助决策. 京津冀地区 / 胡云锋等著.
— 北京：科学出版社，2018.7
（主体功能区规划评价丛书）

ISBN 978-7-03-057661-3

Ⅰ.①主⋯⋯　Ⅱ.①胡⋯　Ⅲ.①区域规划 – 研究 – 华北地区
Ⅳ.① TU982.2

中国版本图书馆 CIP 数据核字 (2018) 第 118538 号

责任编辑：张　菊 / 责任校对：彭　涛
责任印制：张　伟 / 封面设计：无极书装

科学出版社 出版
北京东黄城根北街 16 号
邮政编码：100717
http://www.sciencep.com

北京虎彩文化传播有限公司 印刷
科学出版社发行　各地新华书店经销
*

2018 年 7 月第 一 版　开本：720 × 1000　1/16
2018 年 7 月第一次印刷　印张：9 1/2
字数：200 000

定价：118.00 元
（如有印装质量问题，我社负责调换）

丛书编委会

主　编：胡云锋

编　委：明　涛　李海萍　戴昭鑫　张云芝

　　　　赵冠华　董　昱　张千力　龙　宓

　　　　韩月琪　道日娜　胡　杨

总　序

进入 21 世纪以来，随着中国经济社会的持续、高速发展，中国的区域经济发展、自然资源利用和生态环境保护之间逐渐形成了新的突出矛盾。为有效开发和利用国土资源，实现国家可持续发展目标，中国科学院地理科学与资源研究所樊杰研究员领衔的研究团队开展了全国主体功能区规划研究，相关研究成果直接支持了党中央、国务院有关国家主体功能区规划的编制工作。主体功能区发展战略的提出是我国国土空间开发管理思路和战略的一个重大创新，是对区域协调发展战略的丰富和深化，对中国区划的发展具有重要的现实意义。

2010 年，《全国主体功能区规划》由国务院正式发布。该规划为各省、自治区和直辖市落实地区主体功能规划定位和规划目标提供了基本的理论框架。但要在实践和具体业务中真正落实上述理念和框架，就要求各级政府及其相应的决策支撑部门充分领会《全国主体功能区规划》精神，充分应用包括遥感地理信息系统在内的各项新的空间规划、监测和辅助决策技术，开展时空针对性强的综合监测和评估。2013 年以来，以高分 1 号、高分 2 号、高分 4 号等高空间分辨率和高时间分辨率卫星为代表的中国高分辨率对地观测系统的成功建设，为开展国家级主体功能区规划的快速、准确的监测评估提供了及时、精准的数据基础。

在《全国主体功能区规划》中，京津冀地区总体上属于优化开发区，中原经济区总体上属于重点开发区，三江源地区总体上属于重点生态功能区和禁止开发区。这三个地区是我国东、中、西不同发展阶段、发展水平的经济社会和地理生态单元的典型代表。对这三个典型功能区代表开展高分辨率卫星遥感支持下的经济社会及生态环境综合监测与评估示范研究，不仅可以形成理论和方法论的突破，而且对于这三个地区评估主体功能区规划落实状况具有重要应用意义，对于全国其他地区开展相关监测评价也具有重要的参考价值。

在国家国防科技工业局重大专项计划支持下，胡云锋团队长期聚焦于国家主体功能区监测评估领域的研究，取得了一系列重要成果。在该丛书中，作者以地理学和生态学等基本理论与方法论为基础，以遥感和 GIS 为基本手段，以高分遥感数据为核心，以区域地理、生态、资源、经济和社会数据等为基本支撑，提出了具有功能区类型与地域针对性的高分遥感国家主体功能区规划实施评价的指标体系、专题产品库和模型方法库；作者充分考虑不同主体功能区规划目标、区域特色、数据可得性和业务可行性，在三个典型主体功能区开展了长时间序列指标动态监测和评估研究，并基于分析结果提出了多个尺度、空间针对性强的政策和建议。研究中获得的监测评价技术路线、指标体系、基础数据和产品、监测评估的模型和方法等，不仅为全国其他地区开展主体功能区规划实施的综合监测和评估提供了成功范例，也为未来更加深入和精准地开展空间信息技术支撑下的区域可持续发展研究提供了有益的理论与方法论基础。

当前，中国社会主义建设进入新时代。充分理解和把握新时代中国社会主要矛盾，落实党中央"五位一体"总体布局，支撑新时代下经济社会、自然资源和生态环境的协调与可持续发展，这是我国广大科研人员未来要面对的重大课题。因此，针对国家主体功能区规划实施的动态变化监测、全面系统的评估和快速精准的辅助决策研究还有很远的路要走。衷心祝愿该丛书作者在未来研究工作中取得更丰硕的成果。

中国科学院地理科学与资源研究所

2018 年 5 月 18 日

前　言

京津冀地区位于东北亚中国地区环渤海心脏地带，包括中国北京市、天津市及河北省 3 个区域，是中国北方经济规模最大、最具活力的地区。作为国家规划层面的国家级优化开发区，在京津冀主体功能区开展区域经济社会及生态环境综合监测与评估，有利于充分认识京津冀地区协调发展中存在的问题，不仅对京津冀本身一体化发展，也对中国其他优化开发区发展方向、路径及合理规划具有重要的指导意义。

本书主要以高分辨率遥感为数据支撑，利用经济地理学、GIS 空间分析、遥感分析、空间统计等技术方法，以京津冀主体功能区区划目标、区域特色等为基础，从国土开发、城市环境、耕地保护、生态保护 4 个因素共计 10 个指标，对京津冀及各类主体功能区（2000 ～ 2015 年）的经济社会与生态环境变化特征进行深入对比分析，最后根据评价结果对区域提出辅助决策建议。

本书共分为 4 个部分、6 章。第一部分包括第 1 章和第 2 章，是对研究区概况和评价指标及模型的介绍；第二部分包括第 3 章和第 4 章，是对主体功能区规划监测基础数据获取与主体功能规划实施评价指标的深入分析；第三部分包括第 5 章，是对研究区规划实施辅助决策的深入分析；第四部分就全书内容进行了提要总结，形成了第 6 章。

本书内容是由国家国防科技工业局重大专项计划"基于高分数据的主体功能区规划实施效果评价与辅助决策技术研究（一期）"（00–Y30B14–9001–14/16）科研项目长期支持形成的结果。具体工作由中国科学院地理科学与资源研究所相关科研人员完成。

研究过程中，作者得到了国家发展和改革委员会宏观经济研究院、中国科学院地理科学与资源研究所、国家发展和改革委员会信息中心、中国科学院遥感与数字地球研究所等单位，以及曾澜研究员、刘纪远研究员、樊杰研究员、周艺研究员、王世新研究员、李浩川高工、孟祥辉高工、吴发云高工等专家的指导和帮助，在此表示衷心的感谢！本书编写过程中，参考了大量有关科研人员的文献，在书后对主要观点结论均进行了引用标注，作者对前人及其工作表示诚挚的谢意！引用中如有疏漏之处，还请来信指出，以备未来修订。读者若对相关研究结果及具体图件感兴趣，欢迎与我们讨论。

限于作者的学术水平和实践认识，书中难免存在不足之处，殷切希望同行专家和读者批评指正。

作　者

2018 年 1 月

目　　录

第1章 京津冀地区概况

京津冀地区是全国主体功能区规划确定的国家级优化开发区 [1]。在京津冀地区内部，根据区域自然环境和经济社会发展的特点，进一步分析地区发展问题和发展定位，可以形成主要基于区县一级（部分到乡镇一级）的京津冀主体功能区规划方案 [2]。

1.1　区域发展概况

京津冀国家级优化开发区位于环渤海地区的中心，包括北京市、天津市两个直辖市以及河北省的石家庄市、保定市、廊坊市、沧州市、秦皇岛市、唐山市、承德市、张家口市、衡水市、邢台市、邯郸市 11 个地级市，共包括 205 个县（市、区）。京津冀地区辖区面积为 21.6 万 km²。

目前，京津冀地区经济社会发展中面临的突出问题如下：生态脆弱性十分突出，环境问题成为区域性难题，城镇体系发育失衡，次级中心城市发展滞后，县域发展分散 [3]。其具体表现包括以下几个方面：①区域人均水资源量严重不足，水资源承载能力超过警戒线；②土地利用粗放现象突出，生态系统退化严重；③建设用地拓展趋于无序，占用大量耕地与林地；④森林生态系统严重退化，森林覆盖率严重偏低；⑤环境治理问题演变为区域性难题，雾霾问题最为突出；⑥重大功能设施过度聚集北京，"大城市病"突出；⑦区域次级中心城市发育不足，与长江三角洲、珠江三角洲同等规模城市相比，差距十分明显；⑧县城单元内聚能力弱，人口聚集能力不强，经济发展相对缓慢。

1.2 主体功能规划定位

在国家主体功能区规划中，京津冀地区总体上被规划为优化开发区，其规划目标定位为，"三北"地区的重要枢纽和出海通道，全国科技创新与技术研发基地，全国现代服务业、先进制造业、高新技术产业和战略性新兴产业基地，是我国北方的经济中心[4]。

全国主体功能区规划中对全国各大区域的主体功能做了规划定位。根据国务院要求，各省（自治区、直辖市），在《全国主体功能区规划》基础上，根据统一的技术规范，对本行政区内的县（市、区）等进行了主体功能定位。根据中国主体功能区划方案（V1.0 版本）、国家发展和改革委员会编制的三卷本《全国及各地区主体功能区规划》，结合中国县级行政区划地图、中国乡镇区划地图等资料，可以最终确定京津冀地区各县（市、区）、各乡镇的主体功能[5]。总的来看：①京津核心区、河北省环渤海滨海地区为优化开发区；②天津市滨海新区、河北省京广铁路沿线各区县为重点开发区；③京广铁路以东广大地区主要为农产品主产区（限制开发区）；④京广铁路以西及太行山脉、京津唐以北的燕山山脉等地区为重点生态功能区（限制开发区）。

京津冀地区内部具体主体功能定位统计见表1-1。

表 1-1 京津冀地区内部具体主体功能定位统计

地区	主体功能区	县（市、区）名称	总面积（km²）
北京市	优化开发区	东城区、丰台区、大兴区、朝阳区、海淀区、石景山区、西城区、通州区	3 318.5
	重点生态功能区	密云县、平谷区、延庆县、怀柔区、房山区、昌平区、门头沟区、顺义区	13 096.9

续表

地区	主体功能区	县（市、区）名称	总面积（km²）
天津市	优化开发区	东丽区、北辰区、南开区、和平区、宝坻区、武清区、河东区、河北区、河西区、津南区、红桥区、西青区、静海区	6 632.7
	重点开发区	滨海新区	2 117.0
	重点生态功能区	宁河区、蓟州区	2 886.8
河北省	优化开发区	唐山（丰南区、丰润区、乐亭县、古冶区、开平区、滦南县、滦县、路北区、路南区、迁安市、遵化市、曹妃甸区） 秦皇岛（北戴河区、山海关区、抚宁区、昌黎县、海港区） 保定（涿州市、高碑店市） 沧州（孟村回族自治县、沧县、海兴县、盐山县、运河区、青县、黄骅市、新华区） 廊坊（三河市、固安县、大厂回族自治县、安次区、广阳区、永清县、霸州市、香河县）	27 200.6
	重点开发区	石家庄（新乐市、栾城区、正定县、藁城市、裕华区、赵县、长安区、高邑县、桥东区、桥西区、新华区、井陉矿区） 邯郸（丛台区、复兴区、永年区、肥乡区、邯郸县、鸡泽县、邯山区、峰峰矿区） 邢台（桥东区、桥西区、任县、南和县、柏乡县、隆尧县） 保定（莲池区、定州市、徐水区、竞秀区、望都县、清苑区） 张家口（下花园区、宣化区、桥东区、桥西区） 承德（双桥区、双滦区、鹰手营子矿区） 沧州（任丘市） 廊坊（大城县、文安县） 衡水（冀州市、桃城区）	17 498.4
	农产品主产区	石家庄（无极县、晋州市、深泽县、行唐县、辛集市） 唐山（玉田县） 秦皇岛（卢龙县） 邯郸（临漳县、大名县、广平县、成安县、曲周县、磁县、邱县、馆陶县、魏县） 邢台（临西县、南宫市、威县、宁晋县、巨鹿县、平乡县、广宗县、新河县、清河县） 保定（博野县、安国市、安新县、定兴县、容城县、蠡县、雄县、高阳县） 承德（平泉县、隆化县） 沧州（东光县、南皮县、吴桥县、河间市、献县、肃宁县、泊头市） 衡水（安平县、故城县、景县、枣强县、武强县、武邑县、深州市、阜城县、饶阳县）	43 860.3

续表

地区	主体功能区	县（市、区）名称	总面积（km²）
河北省	重点生态功能区	石家庄（井陉县、元氏县、平山县、灵寿县、赞皇县、鹿泉区） 唐山（迁西县） 秦皇岛（青龙满族自治县） 邯郸（武安县、涉县） 邢台（临城县、沙河市、邢台县、内丘县） 保定（唐县、易县、曲阳县、涞水县、涞源县、满城区、阜平县、顺平县） 张家口（万全区、宣化区、尚义县、崇礼区、康保县、张北县、怀安县、怀来县、沽源县、涿鹿县、蔚县、赤城县、阳原县） 承德（丰宁满族自治县、兴隆县、围场满族蒙古族自治县、宽城满族自治县、承德县、滦平县）	99 490.2

注：为保持数据可比性，本书均基于研究的原始行政区划进行分析与评价。

第2章 评价指标及模型

对京津冀地区开展主体功能区规划实施评价，需要根据卫星遥感技术特点和实际的数据支撑情况，并综合考虑区域发展面临的最为迫切问题和区域主体功能定位，以高分遥感为数据支撑，以经济地理学方法为基础方法，应用GIS空间分析、空间统计等方法，开展模型方法的构建。

2.1 评价指标

根据《全国主体功能区规划》，京津冀优化开发区规划实施的重点是要优化经济增长方式、降低资源环境消耗、提高区域和城市人居环境适宜程度。根据京津冀地区经济社会发展中存在的问题，特别是考虑到全国主体功能区规划目标定位[6]，重点落实党中央和国务院对京津冀协同发展的最新指示与要求，主要评价以下4个问题。

1）全区国土开发活动是否得到控制？开发布局是否得到优化？

2）高强度国土开发区域（即城市地区）宜居性是否得到提高？

3）农产品主产区中的耕地是否得到保护、质量是否得到提升？

4）重点生态功能区中的生态系统是否得到保护、生态服务功能是否得到提升？

根据上述4个问题，依据卫星遥感技术特点及数据支撑情况[7, 8]，特别是考虑到现有可提供数据下载的GF-1[9]、GF-2卫星[10]，以及将发射或者已发射但尚未提供数据下载的GF-3 ~ GF-6等卫星的遥感荷载特点和能力[11-14]，本研究拟通过以下10个指标予以定量评价（表2-1）。

表 2-1　主体功能区规划实施评价问题、指标和范围

序号	评价问题	评价指标	评价范围
1	国土开发是否得到控制？ 开发布局是否得到优化？	国土开发强度 国土开发聚集度 国土开发均衡度	全区
2	宜居性是否得到提高？	城市绿被率 城市绿化均匀度 城市热岛 城市热岛面积	城市
3	耕地是否得到保护？	耕地面积	全区
4	生态系统是否得到保护？	植被绿度 优良生态系统	全区

　　根据上述评价问题、评价指标，主要使用的产品包括 LULC（土地利用与土地覆被，land use and land cover）产品、城市绿被覆盖产品、地表温度（land surface temperature, LST）产品、植被绿度 [即归一化植被指数（normalized differential vegetation index, NDVI）] 产品 4 种产品。这些产品与高分数据的关系、国内外替代数据的关系等描述见表 2-2。

表 2-2　主体功能区规划实施评价指标及 GF 产品和 GF 替代产品

序号	评价指标	应用产品
1	国土开发强度	高分 LULC 产品，2015 年 基于 TM、ETM+、HJ 的 LULC 产品，2010 年 基于 TM、ETM+、HJ 的 LULC 产品，2005 年
2	国土开发聚集度	高分 LULC 产品，2015 年 基于 TM、ETM+、HJ 的 LULC 产品，2010 年 基于 TM、ETM+、HJ 的 LULC 产品，2005 年 城市核心区、非核心区范围
3	国土开发均衡度	高分 LULC 产品，2015 年 基于 TM、ETM+、HJ 的 LULC 产品，2010 年 基于 TM、ETM+、HJ 的 LULC 产品，2005 年
4	城市绿被率	高分城市绿被覆盖产品，2015 年 基于 TM、ETM+ 的城市绿被覆盖产品，2010 年 基于 TM、ETM+ 的城市绿被覆盖产品，2005 年 城市建成区范围

续表

序号	评价指标	应用产品
5	城市绿化均匀度	高分城市绿被覆盖产品，2015 年 基于 TM、ETM+ 的城市绿被覆盖产品，2010 年 基于 TM、ETM+ 的城市绿被覆盖产品，2005 年 城市建成区范围
6	城市热岛	高分替代地表温度产品（ETM+ 替代 GF-4），2015 年 城市建成区范围
7	城市热岛面积	高分替代地表温度产品（ETM+ 替代 GF-4），2015 年 城市建成区范围
8	耕地面积	高分 LULC 产品，2015 年 基于 TM、ETM+、HJ 的 LULC 产品，2010 年 基于 TM、ETM+、HJ 的 LULC 产品，2005 年 农产品主产区边界
9	植被绿度	高分 NDVI 产品，2014 ～ 2015 年 MODIS（moderate-resolution imaging spectroradiometer）NDVI 产品，2005 ～ 2013 年 重点生态功能区边界
10	优良生态系统	高分 LULC 产品，2015 年 基于 TM、ETM+、HJ 的 LULC 产品，2010 年 基于 TM、ETM+、HJ 的 LULC 产品，2005 年 重点生态功能区边界

2.2 指标算法

2.2.1 国土开发强度

国土开发强度，是指一个区域内城镇、农村、工矿水利和交通道路等各类建设空间占该区域国土总面积的比例。国土开发强度是监测评价主体功能区规划实施成效的最基础、最核心的指标[6, 15]。

在中国科学院 1 ：10 万 LULC 产品支持下，国土开发强度计算公式为

$$LDI=\frac{UR+RU+OT}{TO}$$

式中，LDI（land development intensity）为国土开发强度；UR（urban resident land area）为城镇居住用地面积；RU（rural resident land area）为农村居住用地面积；OT（other resident land area）为其他建设用地面积；TO（total land area）为区域总面积。

这里的"区域"，可以是不同大小的行政区域，如县域单元、地级市单元和省域单元；也可以是不同尺度上的栅格单元，如1km、5km和10km网格单元。

根据上述定义，国土开发强度指标既可以方便地以栅格数据展示并参与空间运算，同时也可以非常实用地以行政区专题统计图的形式出现，供政府决策部门使用。

2.2.2　国土开发聚集度

国土开发聚集度，是衡量城乡建设用地空间聚块、连片程度的指标。较高的国土开发聚集度，指示了本地区国土开发空间的高度集中、各区块独立性强的特点；较低的国土开发聚集度指示了本地区国土开发比较分散，建设地块在空间上不连续，建设地块之间存在较大空当[16, 17]。

在传统的经济学、经济地理学中，关于聚集度的测度有多种算法，如首位度、区位商、赫芬达尔–赫希曼指数、空间基尼系数、EG（Elilsion and Glaesev）指数等。但是这些指标算法都是基于统计数据而来的，难以空间化展示和分析。为此，本研究在GIS技术支持下，开发了空间化的国土开发聚集度指标算法模型。

公里网格建设用地面积占比指数（JSZS）：首先计算公里网格上的建设用地占比，其次应用如下的卷积模板对空间栅格数据进行卷积运算，最后计算得到公里网格建设用地面积占比指数。

$$JSZS = JSZB \times W$$

$$W = \begin{vmatrix} 0.25 & 0.5 & 0.25 \\ 0.5 & 1 & 0.5 \\ 0.25 & 0.5 & 0.25 \end{vmatrix}$$

式中，JSZS 为 3×3 网格中心格点的公里网格建设用地面积占比指数；JSZB 为格点建设用地面积占比。

地域单元国土开发聚集度（JJD）：首先计算公里网格上的建设用地面积占比，其次应用如下公式计算目标地域单元国土开发聚集度：

$$JJD_{i,\ j}=SDCL \times 0.4+CLTP \times 0.6$$

式中，JJD 为地域单元国土开发聚集度；SDCL 为网格 i, j 及八邻域内网格建成区面积不为 0 的网格内建成区面积的标准差；CLTP 为建成区面积为 0 的网格数与总网格数的比值。

上述 2 个反映国土开发聚集度的指数各有其优势的适用场合：公里网格建设用地面积占比指数可以方便地以栅格数据展示并参与空间运算；地域单元国土开发聚集度则有利于使用基于行政区的专题统计图形式呈现，供政府决策部门使用。

2.2.3　国土开发均衡度

国土开发均衡度，是指一个地区传统远郊区县国土开发速率与该地区传统中心城区国土开发速率的比值[18]。国土开发均衡度越大，表明新增国土开发活动越偏向于远郊区县；国土开发均衡度越小，表明新增国土开发活动越偏向于传统中心城区。

国土开发均衡度计算公式为

$$JHD=\frac{NCUCSR}{UCSR}$$

$$NCUCSR_{05\sim10}=\frac{NCUCLR_{10}-NCUCLR_{05}}{NCUCLR_{05}}$$

$$UCSR_{10 \sim 15} = \frac{UCLR_{15} - UCLR_{10}}{UCLR_{10}}$$

式中，JHD 为国土开发均衡度；NCUCSR（non-center urban construction spread rate）为区域内远郊区县建设用地扩展率；UCSR（urban construction spread rate）为区域内传统中心城区建设用地扩展率；$NCUCSR_{05 \sim 10}$（non-center construction spread rate）为远郊区县 2005 ~ 2010 年建设用地扩展率；$UCSR_{10 \sim 15}$（urban construction spread rate）为传统中心城区 2010 ~ 2015 年建设用地扩展率；$NCUCLR_n$（non-center urban construction land area）和 $UCLR_n$（urban construction land area）分别为特定年份（2005 年、2010 年和 2015 年）远郊区县和传统中心城区的城乡建设用地面积。

以县域为评估单元开展计算时，监测评估数量太多，程序过于烦琐；更重要的是，京津冀地区各种资源、资本的流动远超出县域范围，因此在县域单元上开展监测评估，并不符合经济社会发展客观规律。

以省域为评估单元开展计算也不合适。一方面，在指定区域中心的时候，会存在认定上的困难和利益的博弈；另一方面，随着评估单元的扩大，难以体现各个基层地方政府的主动作为。

综合以上两方面考虑，本研究采用了以市（地级市、直辖市）为评估单元的路线。在这个尺度上，可以较好地评估地方一级在城乡建设一体化方面的思考和发展模式，并且，在京津冀地区，各地级市和两个直辖市的空间面积大致可比，基于这种面积上大致相同的尺度特征，开展地区建设用地扩展模式的监测和评价，具有较好的科学合理性。

如前所述，国土开发均衡度计算需要确定中心城区建设和远郊区县，因此该指标无法在栅格上计算和展示，只能根据县域单元、地区（地级市、直辖市）单元或省域单元进行专题统计分析和展示。

2.2.4　城市绿被率

城市绿被是评价高强度国土开发区域（即城市）生态环境质量、人民宜居水平的代表性要素[19]。通常可以通过城市绿被率予以衡量。

城市绿被覆盖是指乔木、灌木、草坪等所有植被的垂直投影面积，包括屋顶绿化植物的垂直投影面积以及零星树木的垂直投影面积，乔木树冠下的灌木和草本植物不能重复计算。城市绿被率，则是指区域内各类绿被覆盖垂直投影面积之和占该区域总面积的比率。

城市绿被覆盖信息的获取是基于卫星遥感影像实现的专题信息提取。专题信息提取的技术路线可以参见指标产品研制相关介绍。

城市绿被率的计算方法为

$$UGR = \frac{GPA}{TOT} \times 100\%$$

式中，UGR（urban green-coverage ratio）为城市绿被率；GPA（green-coverage projection area）为城市绿被面积；TOT（total area）为城市区域总面积。

与国土开发强度类似，针对城市绿被面积、城市绿被率的评价，既可以以栅格数据的形式予以展示并参与空间运算，同时也可以以行政区专题统计图的形式出现，供政府决策部门使用[20]。

2.2.5　城市绿化均匀度

城市绿被的生态服务和社会休闲服务能力不仅依赖于绿被面积的总量，更与绿地的空间配置直接相关。长期以来，我国一直以城市绿被面积、城市绿被率、人均绿被面积等简单的比率指标来指导城市绿被系统建设，忽视空间布局上的合理性，极大地削弱了城市绿被为城市居民提供休闲服务、城市绿被为城市生态系统提供水热调节功能的能力。为此，本研究基于 GIS 分析方法，研发了城市绿化均匀度指标。

城市绿化均匀度，可以通过标准化最邻近点指数（nearest neighbor indicator，NNI）来衡量[21]。具体算法为

$$I = \frac{R}{2.15}$$

式中，I 为城市绿化均匀度；R 为最邻近指数。R 的取值范围在 0 ~ 2.15（越靠近 0 表示越高度集聚，越靠近 2.15 表示越均匀分布），因此，对 R 进行标准化后，城市绿化均匀度的值域范围即变为 [0，1]。

最邻近点指数 R 的计算公式为

$$R = 2D_{ave}\sqrt{\frac{N}{A}}$$

式中，D_{ave} 为每一点与其最邻近点的距离算数平均；A 为片区总面积；N 为抽象点个数。D_{ave} 和 R 可以利用空间分析工具 Average Nearest Neighbor 计算得到。

2.2.6 城市热岛

城市热岛，是指城市因大量的人工发热、建筑物和道路等高蓄热体及绿地减少等因素，造成城市中的气温明显高于外围郊区的现象。

城市热岛采用叶彩华[22]提出的地表热岛强度指数（urban heat island intensity index，UHII）的计算方法来估算城市地表热岛强度，公式为

$$UHII_i = T_i - \frac{1}{n}\sum_{}^{n} T_{crop}$$

式中，$UHII_i$ 为影像上第 i 个像元所对应的城市热岛强度；T_i 为地表温度；n 为郊区农田内的有效像元数；T_{crop} 为郊区农田内的地表温度。

本研究中的 T_{crop} 区域是城乡居民用地缓冲 5 ~ 10km 范围内的耕地，则各区县城乡居民用地区域内的 $UHII_i$ 平均值为该区县的城市热岛强度。

对于地表温度，可以使用当年 7 ~ 9 月 MODIS 温度产品（白天），求平均值后，再利用 Landsat 或 GF-1 数据，依据 NDVI 与 LST 相关关系较强，进行降尺度运算（将空间分辨率从 1km 转为 30m），最终所求即为当年夏季白天温度产品[23, 24]。具体计算可以参见该产品的处理流程章节 3.3 节，本节不再赘述。

2.2.7 城市热岛面积

为反映城市热岛变化情况，按城市热岛强度值的范围大小，选择合适的阈值（表 2-3），划分为无热岛、弱热岛、中热岛、强热岛和极强热岛 5 种类型区域，并对各等级区域的面积进行统计对比。

表 2-3 城市热岛区域分级指标 （单位：℃）

代码	城市热岛类型	城市热岛强度
1	无热岛	<0
2	弱热岛	0 ~ 4
3	中热岛	4 ~ 6
4	强热岛	6 ~ 8
5	极强热岛	>8

2.2.8 耕地面积

耕地是指专门种植农作物并经常进行耕种、能够正常收获的土地。一般可以分为水田和旱地两种类型。

在 LULC 产品支持下，耕地面积计算公式为

$$CA=PA+DA$$

式中，CA（cultivation area）为耕地总面积；PA（paddy area）为水田面积，DA（dryland area）为旱地面积。

本研究以 TM/ETM+、GF 等卫星影像数据作为数据源，开展人工目视辅助计算机遥感解译判读，得到京津冀地区土地利用与土地覆被数据；对京津冀地区土地利用与土地覆被数据进行专题要素提取，具体提取水田和旱地等三种土地利用类型，由此得到耕地类型的空间分布；在此基础上，求得一定区域内的耕地总面积、耕地面积占比两个具体指标。

2.2.9　植被绿度

植被绿度，即归一化植被指数（NDVI），是衡量陆地植被生长状况的基本指标[25]。

NDVI 的计算公式如下：

$$NDVI=\frac{NIR-R}{NIR+R}$$

式中，NIR 为近红外波段；R 为红波段。

由于 NDVI 受植被类型、降水影响，对于区域植被绿度的评价，不能简单以少数几个年份的 NDVI 绝对值进行对比，而必须以长时间序列上的 NDVI 年内最大值为基本表征，进行时间序列的趋势变化分析。年最大 NDVI（M_{NDVI}）获取公式为

$$M_{NDVI}=\max(NDVI_1, NDVI_2, NDVI_3, \cdots)$$

为衡量区域植被生态系统的变化状况，采用了 NDVI 年变化倾向作为表征，具体采用了基于最小二乘法拟合得到的线性回归方程计算变化斜率。具体拟合公式为

$$Y=K\times X+b$$

式中，K 为 NDVI 的变化斜率；b 为截距。

2.2.10　优良生态系统

优良生态系统，是指有利于生态系统结构保持稳定，有利于生态系统发挥水源涵养、水土保持、防风固沙、水热调节等重要生态服务功能的自然生态系统类型。

本研究中，具体是指各类有林地、高覆盖度草地、中覆盖度草地、各种水体和湿地等优良生态系统土地覆被类型的总面积（表 2-4）。

表 2-4　优良生态系统土地覆被类型

代码	名称	含义
21	有林地	指郁闭度 >30% 的天然林和人工林，包括用材林、经济林、防护林等成片林地
22	灌木林	指郁闭度 >40%、高度在 2m 以下的矮林地和灌丛林地
31	高覆盖度草地	指覆盖度 >50% 的天然草地、改良草地和割草地，此类草地一般水分条件较好，草被生长茂密
32	中覆盖度草地	指覆盖度为 20% ~ 50% 的天然草地和改良草地，此类草地一般水分不足，草被较稀疏
42	湖泊	指天然形成的积水区常年水位以下的土地
43	水库坑塘	指人工修建的蓄水区常年水位以下的土地
46	滩地	指河、湖水域平水期水位与洪水期水位之间的土地
64	沼泽地	指地势平坦低洼、排水不畅、长期潮湿、季节性积水或常年积水、表层生长湿生植物的土地

优良生态系统面积的计算公式为

$$YLArea=Area（DL_{21}+DL_{22}+DL_{31}+DL_{32}+DL_{42}+DL_{43}+DL_{46}+DL_{64}）$$

式中，YLArea 为优良生态系统类型总面积；Area 为各优良生态系统类型的面积；DL_{21}、DL_{22}、DL_{31}、DL_{32}、DL_{42}、DL_{43}、DL_{46}、DL_{64} 分别为表 2-4 中各地类。

考虑到研究区面积不等，除了使用优良生态系统的绝对面积，使用优良生态系统指数（即优良生态系统面积占比）来评价区域生态环境总体质量是一个更加重要、客观的指标。公式为

$$YLZS= \frac{YLArea}{Area}$$

式中，YLZS 为优良生态系统指数，即优良生态系统面积占比；YLArea 为优良生态系统区域面积；Area 为区域总面积。

第 3 章 基础产品研制和精度评估

通过对评价指标开展模型算法分析，可以知道第 2 章评价指标主要由若干基础的高分或高分替代产品衍生计算得到。这些基础的高分或高分替代产品共 4 种，包括土地利用与土地覆被产品（LULC 产品）、城市绿被覆盖产品、地表温度产品、植被绿度（NDVI）产品。这些基础产品的研制基础、处理流程以及精度检验分析如下所述。

3.1 LULC 产品

3.1.1 概述

LULC 产品是卫星遥感应用研究最基础、最核心的产品。

在本研究设计的 10 个评价指标中，国土开发强度、国土开发聚集度、国土开发均衡度、城市绿被（城市建成区边界）、城市热岛（城市建成区边界）、优良生态系统等相关指标，均使用了 LULC 产品。

本研究中 2005 年、2010 年的 LULC 产品是基于 TM、ETM+ 等影像数据，应用人工目视判读辅助计算机解译得到，2015 年的 LULC 产品则是基于 GF-1 WFV（wide field of view，多光谱宽覆盖）影像，应用人工目视判读辅助计算机解译得到。三个时段的 LULC 产品的研制技术过程完全相同。因此，本研究即以 2015 年 LULC 产品的研制过程为例，说明 LULC 产品研制关键环节。

3.1.2 基础数据

研究区为京津冀地区，包括北京市、天津市两个直辖市及河北省的 11 个地级市，面积约为 21.6 万 km²。

研究使用数据如下。

1）2015 年 GF-1 数据（13 景）。

2）2013 年 LULC 矢量数据。

3）Google Earth 影像数据。

4）ArcGIS 在线遥感影像。

LULC 解译所使用的卫星影像为 2015 年夏季（均为 7 ～ 8 月）GF-1 卫星 16 m 分辨率的 WFV 相机数据，采用了 432 假彩色合成[26]。WFV 相机具体参数及影像数据见表 3-1。

表 3-1　GF-1 卫星 WFV 相机参数

有效载荷	波段号	光谱范围（nm）	空间分辨率（m）	宽幅（km）	测摆能力（°）
WFV	1	450 ～ 520	16	800	±32
	2	520 ～ 590			
	3	630 ～ 690			
	4	770 ～ 890			

表 3-2 显示了所用到的高分数据影像。

表 3-2　京津冀地区 LULC 解译使用的具体卫星影像

代码	获取时间	数据标识
1	2015 年 07 月 26 日	GF1_WFV1_E113.0_N36.3_20150726_L1A0000944861
2	2015 年 08 月 15 日	GF1_WFV1_E115.5_N36.3_20150815_L1A0000980476
3	2015 年 08 月 15 日	GF1_WFV1_E115.9_N38.0_20150815_L1A0000980475
4	2015 年 08 月 23 日	GF1_WFV1_E116.2_N36.3_20150823_L1A0000993634
5	2015 年 07 月 06 日	GF1_WFV2_E113.6_N42.6_20150706_L1A0000902339
6	2015 年 08 月 15 日	GF1_WFV2_E118.6_N39.3_20150815_L1A0000980480
7	2015 年 08 月 15 日	GF1_WFV2_E119.1_N41.0_20150815_L1A0000980479

续表

代码	获取时间	数据标识
8	2015 年 07 月 05 日	GF1_WFV2_E119.5_N42.6_20150705_L1A0000900564
9	2015 年 07 月 02 日	GF1_WFV3_E113.5_N37.3_20150702_L1A0000896135
10	2015 年 07 月 02 日	GF1_WFV3_E114.0_N38.9_20150702_L1A0000896134
11	2015 年 08 月 08 日	GF1_WFV3_E114.0_N40.6_20150808_L1A0000968919
12	2015 年 07 月 02 日	GF1_WFV3_E115.1_N42.2_20150702_L1A0000896132
13	2015 年 07 月 02 日	GF1_WFV4_E116.2_N38.5_20150702_L1A0000896141

3.1.3　处理流程

以 2013 年 LULC 数据（LULC2013）为基础，应用 2015 年夏季 GF-1 WFV 影像，开展 2013 ~ 2015 年研究区 LULC 动态变化解译，最终形成 LULC2015 产品，具体技术流程如图 3-1 所示。

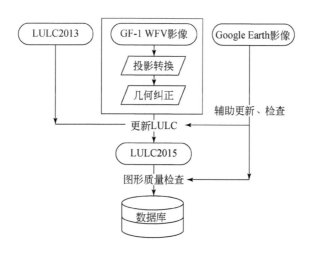

图 3-1　技术流程图

分类系统：土地利用分类系统沿用中国科学院资源环境科学数据中心数据库中一贯的分类系统，即 6 个一级类，25 个二级类 [27]。具体见表 3-3。

表 3-3　中国科学院 LULC 分类系统

| 一级类 | | 二级类 | | 含义 |
编号	名称	编号	名称	
1	耕地	—	—	指种植农作物的土地，包括熟耕地、新开荒地、休闲地、轮歇地、草田轮作物地；以种植农作物为主的农果、农桑、农林用地；耕种三年以上的滩地和海涂
		11	水田	指有水源保证和灌溉设施，在一般年景能正常灌溉，用以种植水稻、莲藕等水生农作物的耕地，包括实行水稻和旱地作物轮种的耕地
		12	旱地	指无灌溉水源及设施，靠天然降水生长作物的耕地；有水源和浇灌设施，在一般年景下能正常灌溉的旱作物耕地；以种菜为主的耕地；正常轮作的休闲地和轮歇地
2	林地	—	—	指生长乔木、灌木、竹类，以及沿海红树林地等林业用地
		21	有林地	指郁闭度 >30% 的天然林和人工林，包括用材林、经济林、防护林等成片林地
		22	灌木林	指郁闭度 >40%、高度在 2m 以下的矮林地和灌丛林地
		23	疏林地	指林木郁闭度为 10% ~ 30% 的林地
		24	其他林地	指未成林造林地、迹地、苗圃及各类园地（果园、桑园、茶园、热作林园等）
3	草地	—	—	指以生长草本植物为主，覆盖度 >5% 的各类草地，包括以牧为主的灌丛草地和郁闭度 <10% 的疏林草地
		31	高覆盖度草地	指覆盖度 >50% 的天然草地、改良草地和割草地，此类草地一般水分条件较好，草被生长茂密
		32	中覆盖度草地	指覆盖度为 20% ~ 50% 的天然草地和改良草地，此类草地一般水分不足，草被较稀疏
		33	低覆盖度草地	指覆盖度为 5% ~ 20% 的天然草地，此类草地水分缺乏，草被稀疏，牧业利用条件差
4	水域	—	—	指天然陆地水域和水利设施用地
		41	河渠	指天然形成或人工开挖的河流及主干常年水位以下的土地。人工渠包括堤岸
		42	湖泊	指天然形成的积水区常年水位以下的土地

一级类		二级类		含义
编号	名称	编号	名称	
4	水域	43	水库坑塘	指人工修建的蓄水区常年水位以下的土地
		44	永久性冰川雪地	指常年被冰川和积雪所覆盖的土地
		45	滩涂	指沿海大潮高潮位与低潮位之间的潮侵地带
		46	滩地	指河、湖水域平水期水位与洪水期水位之间的土地
5	城乡、工矿、居民用地	—	—	指城乡居民点及其以外的工矿、交通等用地
		51	城镇用地	指大、中、小城市及县镇以上建成区用地
		52	农村居民点	指独立于城镇以外的农村居民点
		53	其他建设用地	指厂矿、大型工业区、油田、盐场、采石场等用地，以及交通道路、机场及特殊用地
6	未利用土地	—	—	目前还未利用的土地，包括难利用的土地
		61	沙地	指地表为沙覆盖，植被覆盖度 <5% 的土地，包括沙漠，不包括水系中的沙漠
		62	戈壁	指地表以碎砾石为主，植被覆盖度 <5% 的土地
		63	盐碱地	指地表盐碱聚集，植被稀少，只能生长强耐盐碱植物的土地
		64	沼泽地	指地势平坦低洼、排水不畅、长期潮湿、季节性积水或常年积水、表层生长湿生植物的土地
		65	裸土地	指地表土质覆盖，植被覆盖度 <5% 的土地
		66	裸岩石质地	指地表为岩石或石砾，其覆盖面积 >5% 的土地
		67	其他	指其他未利用土地，包括高寒荒漠、苔原等

投影坐标：动态更新制图的投影坐标与此前数据库保持一致，为双标准纬线等面积割圆锥投影，也称 Albers 投影。具体参数如下。

坐标系：大地坐标系。

投影：Albers 投影。

南标准纬线：25°N。北标准纬线：47°N。中央经线：105°E。坐标原点：

105°E 与赤道的交点。

纬向偏移：0°。经向偏移：0°。

椭球参数采用 Krasovsky 参数：a=6 378 245.000 0m，b=6 356 863.018 8m。

统一空间度量单位：m。

精纠正误差控制：1 ～ 2 个像元。

动态解译标准：大于 16 个像元的地物均要求解译。

3.1.4　精度评价

在京津冀地区随机生成 300 个抽样点，采用基于误差矩阵的分类精度评价方法进行精度评价，并计算制图精度、用户精度、总体精度等。

利用高分影像参照对比，并应用误差矩阵方法计算得出（表 3-4）：京津冀地区 LULC 解译的总体精度（OA）为 91.67%，用户精度（UA）和制图精度（PA）均达到 80% 以上，错分误差（CE）和漏分误差（OE）均低于 16%，根据全国土地利用数据库 2005 年更新实施方案中的质量检查规范，符合制图精度。

表 3-4　京津冀地区 LULC 误差矩阵

LULC 类型		参考数据						CE（%）	UA（%）
		耕地	林地	草地	水域	建设用地	其他	总计		
解译数据	耕地	134	6	0	0	5	0	145	7.59	92.41
	林地	1	42	0	0	1	0	44	4.55	95.45
	草地	2	0	31	0	0	0	33	6.06	93.94
	水域	0	0	0	8	0	0	8	0	100.00
	建设用地	6	2	1	1	59	0	69	14.49	85.51
	其他	0	0	0	0	0	1	1	0	100
	总计	143	50	32	9	65	1	300		
	OE（%）	6.29	16.00	3.13	11.11	9.23	0		OA=91.67%	
	PA（%）	93.71	84.00	96.87	88.89	90.77	100			

3.2 城市绿被覆盖产品

3.2.1 概述

城市绿被覆盖是指由乔木、灌木、草坪等所有植被的垂直投影面积，包括屋顶绿化植物的垂直投影面积以及零星树木的垂直投影面积，乔木树冠下的灌木和草本植物不能重复计算。

城市绿被覆盖产品是开展城市宜居性评价的重要指标，依据城市绿被覆盖产品，可以进一步计算得到城市绿被率、城市绿化均匀度两个关键评价指标。

城市绿被覆盖产品都是使用基于支持向量机的监督分类方法得到的[28]。其中，2005 年、2010 年产品是基于 Landsat-5 TM 影像数据，2015 年产品则是基于 GF-1 WFV 影像。三个时段的城市绿被覆盖产品的研制技术过程完全相同。因此，本研究即以 2015 年北京市城市绿被覆盖产品的研制过程为例，说明城市绿被覆盖产品研制关键环节。

3.2.2 基础数据

本研究需要提取京津冀地区 2 个直辖市、11 个地级市内的绿地空间分布信息。与 3.1 节的 LULC 产品研制不同，城市绿被覆盖产品只需要提取城市建成区内的绿地，所需处理的影像范围大大减少。但是信息提取过程需要深入到城市内部，因此对于信息提取的精细程度和产品精度要求更高。

研究使用的数据如下。

1）2015 年 GF-1 数据。

2）2013 年 LULC 矢量数据（用于提取城市建成区）。

3）Google Earth 影像数据。

4）ArcGIS 在线遥感影像。

城市绿被覆盖信息提取使用了 Landsat-5、GF-1 卫星数据。其中，2005 年和 2010 年使用的是 TM 影像数据，2015 年使用的是 GF-1 WFV 影像数据，具体参数见表 3-5。

表 3-5 卫星遥感信息源

年份	卫星	传感器	影像光谱范围	波段	分辨率（m）
2005	Landsat-5	TM	多光谱影像	7	30
2010	Landsat-5	TM	多光谱影像	7	30
2015	GF-1	WFV	多光谱影像	4	16

研究还使用了 Google Earth 影像数据、ArcGIS 在线遥感影像数据，用于高分绿被产品精度验证。

3.2.3 处理流程

本研究采用了基于支持向量机的监督分类方法来提取城市绿被覆盖信息，具体流程如图 3-2 所示。

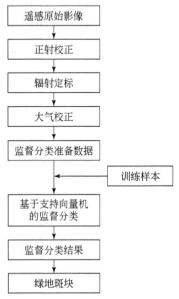

图 3-2 城市绿被覆盖信息提取流程

城市绿地斑块的提取主要包括三个步骤：影像选取、影像预处理和绿地斑块提取[29-33]。

1）影像选取：选取原则是 2005 年、2010 年、2015 年 7 ~ 8 月的影像，同时尽量选取无云清晰的数据。

2）影像预处理：包括正射校正、辐射定标和大气校正。

第一，正射校正。对影像空间和几何畸变进行校正生成多中心投影平面正射影像来纠正一般系统因素产生的几何畸变并消除地形引起的几何畸变。可以通过 ENVI 5.1 工具箱中的自动正射校正工具 RPC orthorectification 实现。

第二，辐射定标。通过将记录的原始影像像元亮度值转换为大气外层表面反射率来消除传感器本身的误差，确定传感器入口处准确的辐射值。可以通过 ENVI 5.1 工具箱中的 Radiometric calibration 实现。

第三，大气校正。通过将辐射亮度值或者表面反射率转换为地表实际反射率来消除大气散射、吸收、反射引起的误差。可以通过 ENVI 5.1 工具箱中的 Atmosphere correction 实现。

3）绿地斑块提取：本次绿地提取是使用基于支持向量机的监督分类方法实现的。首先在预处理好的影像上选择各种地物的训练样本，计算各样本之间的可分离性，当样本中各地物的可分离性指数达到 1.8 以上时，使用基于支持向量机的方法对影像进行监督分类，最后单独提取出分类结果中的绿地斑块。

3.2.4　精度评价

在各个城市内部随机生成抽样点，采用基于误差矩阵的分类精度评价方法进行精度评价，并计算制图精度、用户精度、总体精度等。

利用高分影像参照对比，并应用误差矩阵方法计算得出（表 3-6），有 28 个非绿地点被错分为绿地，绿地错分误差（CE）为 17.07%；有 14 个绿地点被漏分为非绿地，绿地漏分误差（OE）为 9.33%；绿地用户精度（UA）为 82.93%，制图精度（PA）为 90.67%，总体精度（OA）为 86%。

表 3-6　误差矩阵

LULC 类型		参考数据				
		绿地	非绿地	总计	CE（%）	UA（%）
解译数据	绿地	136	28	164	17.07	82.93
	非绿地	14	122	136	10.29	89.71
	总计	150	150	300		
	OE（%）	9.33	18.67	OA=86%		
	PA（%）	90.67	81.33			

3.3　地表温度产品

3.3.1　概述

地表温度（land surface temperature，LST）在环境遥感研究及地球资源应用过程中具有广泛而深入的需求。它是重要的气候与生态控制因子，影响着大气、海洋、陆地的显热和潜热交换，是研究地气系统能量平衡、地－气相互作用的基本物理量。但由于地球－植被－大气这一系统的复杂性，精确反演 LST 成为一个公认的难题。

在本书中，城市热岛的评估取决于城市 LST 产品的获取。本研究对北京市、天津市、石家庄市 2005 年、2010 年、2015 年的夏季白天 LST 进行了研制。利用当年 7～9 月 MODIS 夏季白天 LST 产品求平均值后，依据 Landsat 或 GF-1 卫星数据，进行降尺度运算（将空间分辨率从 1km 转为 30m），最终即为所求当年夏季温度产品 [34]。不同地区的 LST 产品的反演过程完全相同。因此，本研究即以北京市 LST 产品研制为例，说明 LST 研制和验证关键环节。

3.3.2　基础数据

根据评估计划，对 2005 年、2010 年和 2015 年北京市夏季白天 MODIS 的 LST 产品进行降尺度研制 [34]。使用的 Landsat 或 GF-1 卫星数据获取时间均为当年 6 ~ 9 月，此时段植被生长旺盛，选取云量较少的数据为最终数据。具体数据文件见表 3-7。

表 3-7　北京市数据情况表

年份	数据标识	
	MODIS	Landsat
2005	MODLT1M.20050701.CN.LTD.AVG.V2 MODLT1M.20050801.CN.LTD.AVG.V2 MODLT1M.20050901.CN.LTD.AVG.V2	LT51230322005190BJC00（7 月 9 日）
2010	MODLT1M.20100702.CN.LTD.AVG.V2 MODLT1M.20100801.CN.LTD.AVG.V2 MODLT1M.20100901.CN.LTD.AVG.V2	L5123032_03220100808（8 月 8 日）
2015	MODLT1M.20150701.CN.LTD.AVG.V2 MODLT1M.20150801.CN.LTD.AVG.V2 MODLT1M.20150901.CN.LTD.AVG.V2	LC81230322014231LGN00（8 月 19 日）

MODIS 和 Landsat 等影像数据的下载地址为 http://www.gscloud.cn/。

根据 GF 系列卫星发射计划，GF-5 卫星将具有热红外探测能力 [13]，GF-4 卫星也具有中波红外探测能力 [35]。因此，GF-5 卫星将可以直接应用到城市地表温度反演研究中，GF-4 系列卫星数据在开展一定的技术攻关后，可以应用到地表温度反演研究中。

3.3.3　处理流程

以 2010 年 Landsat-8 及当年 MODIS 夏季白天温度产品作为数据源，降尺度得到地表温度，并进行统计分析，对北京市的城市热岛情况进行评估，具体如图 3-3 所示。

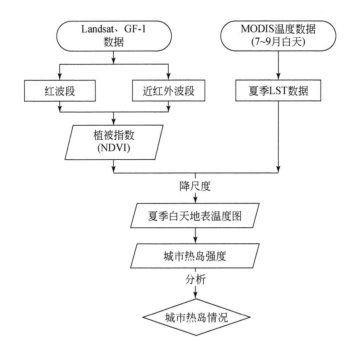

图 3-3　处理流程图

MODIS 温度产品降尺度说明：植被和水体是控制 LST 最具影响力的因子，因此利用 NDVI（选取 6～9 月时相较好的影像，采用最大值合成法）与 LST 相关关系较强的特点[36]，进行栅格降尺度再分配，分配原则为同时满足以下条件：新栅格值小于等于全区最高温度；大于等于全区最低温度；降尺度的各个区域的温度的最值（最大值与最小值）和平均值之比不得大于全区温度的标准差与全区温度的平均值之比；新栅格值升尺度后的平均温度等于旧栅格的值。全区依照 NDVI 调节分配，NDVI 大于特定值，则温度不高于 30℃，高于则需重新分配。

3.3.4 精度评价

针对 MODIS 降尺度后 LST 产品，采用同期的 Landsat LST 产品（自行反演得到）对其进行精度验证。可以采用空间分布对比方法、统计对比方法、空间抽样统计方法等。

从空间分布对比上看，对 LST 产品的评价还可以从不同 LST 产品的空间格局上进行比较。

从总体上看，MODIS LST 产品、降尺度后 LST 产品与 Landsat LST 产品具有大致相同的空间分布格局，MODIS LST 产品空间分辨率较低；而降尺度后 LST 和 Landsat LST 产品空间分辨率较高，可以清楚展示空间分异。具体来说：2010 年 8 月 8 日，北京市三种产品地表温度空间分布大致相同（表 3-8），即西北部存在低温，主城区（东城区、西城区、朝阳区、海淀区、丰台区及石景山区）存在高温。

表 3-8　2010 年 8 月 8 日北京市三种温度产品数据对比表　　（单位：℃）

项目	MODIS LST	降尺度后 LST	Landsat LST
最高值	33.51	35.48	41.9
最低值	21.17	21.17	18.07
平均温度	26.94	26.46	26.15

由表 3-8 可知，三种温度产品相比，结果较为相近。就区域最高值相比，Landsat LST 产品比 MODIS LST 产品高约 8℃，比降尺度后 LST 产品高约 6℃。这是因为 Landsat 影像具有较高的空间分辨率，可以更加准确地反映区域温度的空间变化和异常，而不至于像 MODIS 产品一样，由于空间分辨率较低，造成区域温度的平滑化，无法敏感反映区域的高热异常。

对于 LST 产品，还可以通过空间采样继而计算两种产品的相关性。其中评价相关性和精度的指标有均方根误差和估算精度。

1）均方根误差（root mean square error，RMSE）：

$$RMSE=\sqrt{\frac{\sum\limits_{i=1}^{n}(VCY_i - VCX_i)^2}{n}}$$

式中，VCX 和 VCY 分别为 MODIS 和 Landsat 样本点提取数据；n 为样本个数。

2）估算精度（estimate accuracy，EA）：

$$EA=\left(1-\frac{RMSE}{Mean}\right)\times 100\%$$

式中，Mean 为 MODIS 数据采样点的均值。

具体方式：首先在空间上按行列规则采样，在北京共采集 570 个样点；剔除空缺值后，利用筛选保留的 400 余个样点做空间散点图，并计算相关系数和决定系数，具体见表 3-9。

表 3-9　北京市 LST 产品数据拟合结果

产品	样本数（个）	b	R^2	RMSE	EA（%）
MODIS LST	419	—	0.5645	1.44	94.66
降尺度后 LST		0.9734	0.5679	1.33	95.05

注：b 为截距。

根据表 3-9 可知，本研究所得 2010 年 8 月 8 日 MODIS LST 和降尺度后 LST 产品与同期的 Landsat LST 产品数据拟合具有较好的线性相关性，b 值极为接近 1，表明本研究所研制的 LST 产品精度较高。其中，MODIS LST 产品的估算精度在 94.66%，降尺度后 LST 产品的估算精度为 95.05%，略高于 MODIS LST 产品，表明降尺度后 LST 产品不仅在数据估算精度上得到一定提升，同时分辨率也得到大幅度提高，在细节描述上更能体现城市内部的差异性。

3.4　植被绿度产品

3.4.1　概述

植被绿度,即归一化植被指数(NDVI),是衡量陆地植被生长状况的基本指标。NDVI 产品是全球植被状况监测和土地覆被变化监测的基础产品。NDVI 产品可作为模拟全球生物地球化学和水文过程与全球、区域气候的输入,也可以用于刻画地球表面生物属性和过程,包括初级生产力和土地覆被转变。

本研究中 2005 ~ 2013 年所用到的 NDVI 数据来自于美国国家航空航天局(National Aeronautics and Space Administration, NASA) 发布的 MODIS L3/L4 MOD13A3 产品。2014 ~ 2015 年 NDVI 数据依据 GF-1 WFV 影像数据由本研究自行计算得到,GF-1 WFV 影像可以从中国资源卫星应用中心(http://www.cresda.com/cn/) 下载得到。

3.4.2　基础数据

研究区为京津冀地区重点生态功能区。

研究所使用的基础数据和产品如下。

1) 2005 ~ 2015 年,MODIS L3/L4 MOD13A3 产品。

2) 2014 ~ 2015 年,GF-1 WFV 影像数据,下载于中国资源卫星应用中心网站。

3) 京津冀地区主体功能区规划图(用于提取重点生态功能区)。

3.4.3　处理流程

2005 ~ 2013 年 NDVI 数据利用 MODIS L3/L4 MOD13A3 数据处理得到,具

体流程如图 3-4 所示。

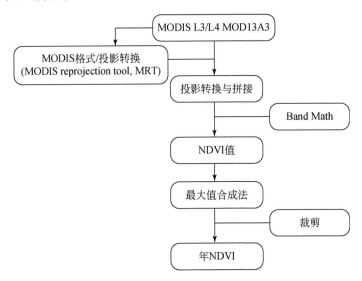

图 3-4　MODIS NDVI 数据预处理

下载得到的 MODIS NDVI 数据的有效值范围为（–20 000，10 000），其中 –30 000 为无效值。NDVI 数值扩大，需要利用 Band Math 进行处理，算法为

```
(b1 lt 0)*0+(b1 ge 0)*(b1*0.0001)
```

NDVI 年值产品通过年内月值产品的最大值合成法得到。具体公式如下：

$$M_{\mathrm{NDVI}}=\max(\mathrm{NDVI}_1, \mathrm{NDVI}_2, \mathrm{NDVI}_3, \cdots)$$

2014 ~ 2015 年 NDVI 数据由 GF-1 WFV 影像数据获取，具体处理流程如图 3-5 所示，波段性能参数见表 3-10。

NDVI 由 GF-1 卫星遥感数据得到，具体方法为[36]

$$\mathrm{NDVI}=\frac{\mathrm{NIR}-R}{\mathrm{NIR}+R}$$

式中，NIR 为近红外波段；R 为红波段（表 3-10）。

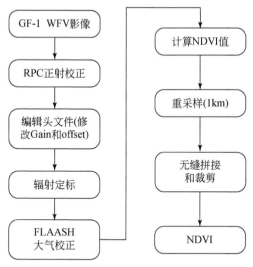

图 3-5　GF-1 WFV 数据处理流程图

表 3-10　GF-1 WFV 影像波段性能参数表

波段号	波段	波长（μm）	分辨率（m）
1	蓝	0.45 ~ 0.52	16
2	绿	0.52 ~ 0.59	16
3	红	0.63 ~ 0.69	16
4	近红外	0.77 ~ 0.89	16

3.4.4　精度评价

针对 2014 ~ 2015 年的 GF-1 影像计算的 NDVI 数据，采用同期的 MODIS NDVI 数据对其进行精度验证。

遥感产品 NDVI 为空间连续数据，其数值具有明确的物理意义，数值本身也是连续的，数值的高低意味着不同的能力，但是不代表物理化学性质的变化。

采用常规统计方法计算相关系数、均方根误差、估算精度等来对高分影像获取的 NDVI 进行精度评价。

均方根误差（RMSE）：

$$\mathrm{RMSE}=\sqrt{\dfrac{\sum\limits_{i=1}^{n}(\mathrm{VCY}_i-\mathrm{VCX}_i)^2}{n}}$$

式中，n 为验证点个数；VCY_i 为第 i 个点提取的 GF-1 NDVI 值；VCX_i 为第 i 个验证点的 MODIS NDVI 值。

估算精度（EA）：

$$\mathrm{EA}=\left(1-\dfrac{\mathrm{RMSE}}{\mathrm{Mean}}\right)\times100\%$$

式中，Mean 为 MODIS NDVI 验证点的均值。

京津冀地区重点生态功能区内随机选取了 109 个样点。

以 MODIS NDVI 验证点为横坐标，以 GF-1 NDVI 提取点为纵坐标，制作散点图，如图 3-6 所示，验证结果如表 3-11 所示。

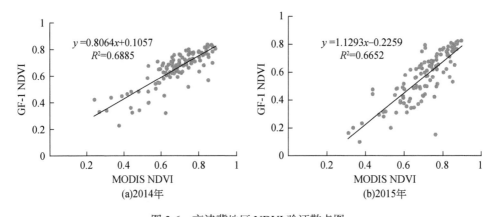

图 3-6 京津冀地区 NDVI 验证散点图

表 3-11　京津冀地区高分 NDVI 精度验证结果统计

区域	2014 年		2015 年		总体	
	RMSE	EA（%）	RMSE	EA（%）	RMSE	EA（%）
重点生态功能区	0.083	87.75	0.170	75.75	0.133	80.56

根据表 3-11 精度分析发现，本研究基于 GF-1 WFV 所得的 2014～2015 年的 NDVI 数据与同期 MODIS NDVI 产品具有较好的一致性。两期的 GF-1 NDVI 产品与 MODIS NDVI 产品之间的相关系数均在 0.66 以上，其中，2014 年 GF-1 NDVI 产品估算精度为 87.75%，2015 年 GF-1 NDVI 产品估算精度稍低，为 75.75%。

第4章　主体功能规划实施评价

根据京津冀地区主体功能区规划目标以及规划实施评价指标设计，主要从 4 个方面（即国土开发、城市环境、耕地保护、生态保护）、10 个指标参数，重点从 4 类主体功能区各指标现状水平、变化态势上开展对比分析，进而形成评价结论。

4.1　国土开发

4.1.1　国土开发强度

国土开发强度指标是主体功能区规划的核心指标，对国土开发强度的监测和评价是主体功能区规划实施评价的核心内容。对国土开发的监测和评价，既可以在公里网格上开展空间分布规律提炼，也可以在行政区尺度、主体功能区尺度上开展对比分析。

1. 各省（直辖市）国土开发强度

2005 ～ 2015 年，从京津冀地区城乡建设用地空间分布上看，京津冀地区城乡建设用地主要分布在燕山以南、太行山以东的平原地区；在燕山山脉、太行山脉地区，城乡建设用地分布明显减少；在京广铁路沿线、环渤海滨海地区，城乡建设用地分布明显密集。

从时间变化（表 4-1）上看，在 2005 ～ 2015 年：①北京市国土开发面积从

2005 年的 2865 km^2 增加到 2015 年的 3527 km^2，面积增加了 662 km^2；国土开发强度从 2005 年的 16.25% 增加到 2015 年的 21.51%。②天津市国土开发面积从 2005 年的 2525 km^2 增加到 2015 年的 2840 km^2，面积增加了 315 km^2；国土开发强度从 2005 年的 19.54% 增加到 2015 年的 25.82%。③河北省国土开发面积从 2005 年的 16 264 km^2 增加到 2015 年的 21 238 km^2，面积增加了 4974 km^2；国土开发强度从 2005 年的 7.7% 增加到 2015 年的 11.19%。

表 4-1　京津冀地区各省（直辖市）国土开发面积和国土开发强度

地区	2005 年		2015 年		2020 年规划目标
	面积（km^2）	强度（%）	面积（km^2）	强度（%）	强度（%）
北京市	2 865	16.25	3 527	21.51	23.26
天津市	2 525	19.54	2 840	25.82	33.8
河北省	16 264	7.7	21 238	11.19	11.17

2. 各主体功能区国土开发强度

针对不同主体功能区城乡建设用地及国土开发强度开展时序分析和对比分析（表 4-2）。

表 4-2　京津冀地区各主体功能区内城乡建设用地面积及国土开发强度

主体功能区	区域面积	城乡建设用地面积（km^2）		国土开发强度（%）	
		2005 年	2015 年	2005 年	2015 年
优化开发区	39 573.5	8 067.5	10 867.3	20.39	27.46
重点开发区	26 322.6	3 892.9	6 037.6	14.79	22.94
农产品主产区	44 319.2	4 635.1	6 122.4	10.46	13.81
重点生态功能区	105 593.3	2 744.0	5 132.3	2.60	4.86

从建设用地存量上看，城乡建设用地主要分布在优化开发区、重点开发区、

农产品主产区和重点生态功能区。其中：重点开发区内城乡建设用地总面积与农产品主产区内的城乡建设用地面积相差不大（6000～6200km^2），但考虑到主体功能区总面积，重点开发区的国土开发强度则要远高于农产品主产区的国土开发强度（重点开发区和农产品主产区的国土开发强度分别为22.94%和13.81%）。

从国土开发强度上看，4类区域国土开发强度从高到低的排序依次为：优化开发区、重点开发区、农产品主产区和重点生态功能区。前两类区域国土开发强度在2015年分别为27%和23%左右，后两类区域的国土开发强度在2015年则分别只有14%和5%左右。以国土开发强度的现状空间分布和统计特征分析，京津冀地区国土开发重心始终聚焦在优化开发区和重点开发区，与《全国主体功能区规划》要求相一致，符合规划实施要求。

从城乡建设用地增量上看：2005～2015年，新增城乡建设用地面积从大到小依次为优化开发区、重点生态功能区、重点开发区与农产品主产区。优化开发区、重点开发区内新增城乡建设用地总面积（4944.5 km^2）约是农产品主产区、重点生态功能区内新增城乡建设用地总面积（3875.6 km^2）的1.3倍。这表明，京津冀地区新增国土开发活动主要集中在优化开发区、重点开发区，国土开发活动重点方向与规划目标要求相一致，符合规划实施要求。

从增量的绝对量上看，优化开发区内新增城乡建设用地面积是重点开发区的1.3倍，这既是优化开发区内国土开发巨大惯性作用使然，也是优化开发区优化开发布局的客观需求。国土开发新增量的关键点是：重点开发区新增国土开发的增长速率达到55.1%，是优化开发区增长速率（34.7%）的1.6倍，这表明，重点开发区发展势头强劲，京津冀地区各级政府国土开发活动的重点落实在重点开发区。

需要注意的是，2005～2015年，重点生态功能区城乡建设用地面积增长率最高，达到87.0%，高于农产品主产区内城乡建设用地面积的增长速率（32.1%）；重点生态功能区内城乡建设用地面积几乎增长了1倍，其新增城乡建设用地面积也超过了农产品主产区的新增城乡建设用地面积。

从时序变化上看，优化开发区、重点开发区、农产品主产区、重点生态功能区 4 类主体功能区内城乡建设用地 2010 ～ 2015 年增加量是 2005 ～ 2010 年增加量的 0.6 倍、0.3 倍、0.64 倍、0.29 倍。这表明，京津冀地区国土开发活动在 2005 ～ 2010 年与 2010 ～ 2015 年发生重大变化，2010 ～ 2015 年的国土开发活动明显降低。其中，重点开发区、重点生态功能区的国土开发活动受控程度最高，下降幅度最大；而农产品主产区、优化开发区的国土开发活动受控程度较小，下降幅度较低。这与国家整体的土地管控和经济形势有关系。

针对京津冀地区各省（直辖市）具体的国土开发强度数据进行分析，结果见表 4-3。

表 4-3　京津冀地区各主体功能区国土开发强度　　　　（单位：%）

地区	主体功能区	2005 年	2015 年
北京市	优化开发区	34.8	43.3
	重点生态功能区	7.4	11.1
天津市	优化开发区	19.3	25.4
	重点开发区	28.6	33.2
	重点生态功能区	12.0	14.5
河北省	优化开发区	18.5	22.0
	重点开发区	13.6	22.1
	农产品主产区	10.4	13.8
	重点生态功能区	1.7	3.8

北京市：优化开发区国土开发强度从 2005 年的 34.8% 增加到 2015 年的 43.3%，重点生态功能区国土开发强度从 2005 年的 7.4% 增加到 2015 年的 11.1%。北京市优化开发区的国土开发活动得到相对有效控制；重点生态功能区的国土开发与 2005 年相比增长了近 4%。

天津市：优化开发区国土开发强度从 2005 年的 19.3% 增加到 2015 年的

25.4%，重点开发区国土开发强度从 2005 年的 28.6% 增加到 2015 年的 33.2%，重点生态功能区国土开发强度从 2005 年的 12.0% 增加到 2015 年的 14.5%。显然，天津市新增国土开发活动主要集中在重点开发区和优化开发区，最后为重点生态功能区。开发活动顺序与本地区主体功能区规划要求基本吻合。

河北省：优化开发区国土开发强度从 2005 年的 18.5% 增加到 2015 年的 22.0%，重点开发区国土开发强度从 2005 年的 13.6% 增加到 2015 年的 22.1%，农产品主产区国土开发强度从 2005 年的 10.4% 增加到 2015 年的 13.8%，重点生态功能区国土开发强度从 2005 年的 1.7% 增加到 2015 年的 3.8%。河北省国土开发活动依次集中在重点开发区、优化开发区、农产品主产区和重点生态功能区。开发活动顺序与主体功能区规划要求基本吻合。主要的问题如下：第一，重点开发区、优化开发区的国土开发强度虽然较本省其他区域国土开发强度更高，但与天津市同类型区域的国土开发强度相比，仍然存在较大差距，"重点开发"特点并没有得到体现。第二，农产品主产区国土开发活动较强，不利于区域农产品生产和粮食安全，不利于区域生态系统结构和服务的稳定。

4.1.2　国土开发聚集度

国土开发面积、国土开发强度可明晰描述国土开发数量和水平，但无法刻画国土开发空间分布格局。为此，需要应用公里网格建设用地面积占比指数、地域单元国土开发聚集度两个指标，从空间上刻画国土开发的聚集状况和聚集水平。

1. 各市、县国土开发聚集度

2005 ~ 2015 年，京津冀地区城乡建设用地在空间公里网格上的国土开发聚集度空间分布特征为，燕山以南、太行山以东的广大平原地区国土开发聚集度明显要比燕山以北、太行山以西地区要高；特别是在京广铁路沿线、京津唐地区、环渤海滨海地区国土开发聚集度较高，形成非常明显的都市连绵区。

2005～2015 年，京津冀地区城乡建设用地在县域单元上的国土开发聚集度指数特征为，北京市、天津市、唐山市以及石家庄市等城市国土开发聚集度明显最高。与公里网格建设用地面积占比指数的空间分布格局相似。

究其原因，北京市、天津市、唐山市、石家庄市等城市是本地区较大规模的城市，城市建设用地规模大、建设历史长，建设用地已经集中连片。在京广铁路沿线，因为交通等有利条件，其周围的建设用地较多，在这些地区县域单元内部，其城乡建设用地也相对集中。燕山山脉以南、京广铁路以东地区，特别是河北省东南部地区，地处平原，这些区域多为农产品主产区，中小型城乡建设较多，聚集程度也较高，但相比北京市、天津市等特大城市的聚集程度低。而西北部区域，多为重点生态功能区，这些区域人口分布较少，城乡建设较少，大多数建设用地为小型的农村居民点，中小型城镇都比较少；这些地区城市体系发育不完善，分布有数量众多、星散分布的村镇，因此这一地区的国土开发聚集度最低。

从时间变化（表 4-4）上看：2005～2015 年，京津冀地区国土开发聚集度总体呈现下降趋势。京津冀地区总体聚集度由 2005 年的 0.478 下降到 2015 年的 0.412。这表明本地区国土开发活动总体上呈现离散化，城乡建设用地的集聚程度有所下降。

表 4-4　2005～2015 年京津冀地区国土开发聚集度变化

地区	2005 年	2010 年	2015 年	变化斜率
北京市	0.590	0.572	0.545	−0.045
天津市	0.614	0.591	0.556	−0.058
石家庄市	0.396	0.352	0.329	−0.067
唐山市	0.340	0.282	0.259	−0.081

地区	2005 年	2010 年	2015 年	变化斜率
秦皇岛市	0.469	0.381	0.312	−0.157
邯郸市	0.312	0.268	0.256	−0.056
邢台市	0.335	0.258	0.241	−0.094
保定市	0.422	0.351	0.337	−0.085
张家口市	0.511	0.475	0.438	−0.072
承德市	0.483	0.472	0.405	−0.078
沧州市	0.304	0.281	0.268	−0.036
廊坊市	0.258	0.228	0.197	−0.061
衡水市	0.233	0.201	0.187	−0.046

对各个城市的具体发展情况进行分析，可以发现：北京市与天津市的国土开发聚集度一直较高，表明两个直辖市的城乡建设偏向于依托现有城区，以蔓延式、集中连片式开发为主要特征；但从 2005 ~ 2015 年的变化趋势来看，两个城市的国土开发聚集度均呈下降趋势，这表明两个直辖市新开发国土形态逐渐转向断续式、蛙跳式。对京津冀地区其他地级市国土开发聚集度的分析，也呈现了同样的变化趋势。

具体到各个县（市、区），可以发现：在京津冀地区东部（沧州市东部海兴县、黄骅市等）、京津冀地区核心区（北京市—廊坊市北三县—天津市一线）以及京津冀地区北部（张家口市北部张北县），国土开发聚集度呈现上升或者基本平稳趋势。除此之外的其他县（市、区），基本上都呈现为国土开发聚集度下降态势。

2. 各主体功能区国土开发聚集度

针对不同主体功能区内国土开发聚集度开展时序分析和对比分析，结果见表 4-5。

表 4-5　京津冀地区各主体功能区国土开发聚集度

主体功能区	2005 年	2010 年	2015 年
优化开发区	0.75	0.72	0.70
重点开发区	0.74	0.72	0.66
农产品主产区	0.73	0.72	0.67
重点生态功能区	0.53	0.52	0.45

2005 ~ 2015 年，京津冀地区内各主体功能区国土开发聚集度从高到低依次为优化开发区、重点开发区、农产品主产区与重点生态功能区，如图 4-1 所示。

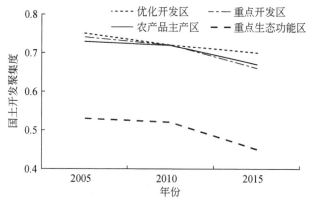

图 4-1　京津冀地区各主体功能区国土开发聚集度

优化开发区内国土开发聚集度最高（0.70 ~ 0.75），这表明这类区域内建设用地较为集中，土地利用效率普遍较高，离散化的建设用地较少，其面积也较小。符合主体功能区中优化城乡布局、增强土地利用效率的要求。

国土开发聚集度较高的还有重点开发区（0.66 ~ 0.74）与农产品主产区（0.67 ~ 0.73），两类区域内的国土开发聚集度相差不大。这主要是因为这两类区域主要位于华北平原上，2005 ~ 2015 年，自然条件对国土开发活动的限制不大，因此这两类区域的国土开发活动均呈现出一定的分散特性（与优化开发区相比），集约化程度不是很高。

重点生态功能区的国土开发聚集度最低（0.45 ~ 0.53），主要是因为这类区域主要位于西部的太行山脉和北部的燕山山脉地区，城乡建设活动受自然条件约束较大，只能分布于一些山间谷地、水源供给良好的区域，因此其聚集程度自然会最低。

2005～2015年，京津冀地区国土开发聚集度呈下降趋势，表明本地区城乡建设用地布局趋向于离散化，城乡建设用地的集聚程度有所下降。具体来说：2005～2015年，京津冀地区总体聚集度由2005年的0.478下降到2015年的0.412。其中，优化开发区国土开发聚集度下降了0.05，重点开发区国土开发聚集度下降了0.08，农产品主产区国土开发聚集度下降了0.06，重点生态功能区国土开发聚集度下降了0.08。此分析表明，优化开发区、农产品主产区内城乡建设用地空间布局管理相对较好，国土开发聚集度下降幅度相对较小；而重点开发区、重点生态功能区内的城乡建设用地布局管理相对较差，国土开发聚集度下降幅度相对较高。

从2005～2010年与2010～2015年的变化对比上看：优化开发区、重点开发区、农产品主产区与重点生态功能区的国土开发聚集度在2010～2015年的减少量分别是它们在2005～2010年减少量的0.67倍、3倍、5倍、7倍（图4-2）。这表明在全区国土开发活动总体下降、国土开发布局呈现离散化态势的大背景下，优化开发区国土开发布局没有呈现加速离散化态势，但其他三个主体功能区的国土建设布局则呈现了加速离散化态势。

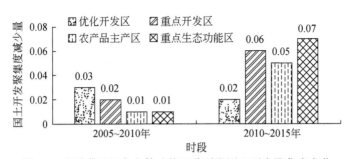

图4-2　京津冀地区各主体功能区分时段国土开发聚集度变化

具体到各个省级行政区内部，不同类型主体功能区国土开发聚集度的时序变化见表4-6。

表 4-6　京津冀地区各省（直辖市）内不同主体功能区国土开发聚集度

地区	主体功能区	2005 年	2010 年	2015 年
北京市	优化开发区	0.82	0.80	0.79
	重点生态功能区	0.53	0.51	0.47
天津市	优化开发区	0.74	0.72	0.70
	重点开发区	0.68	0.67	0.58
	重点生态功能区	0.73	0.70	0.65
河北省	优化开发区	0.75	0.72	0.70
	重点开发区	0.76	0.73	0.68
	农产品主产区	0.73	0.72	0.67
	重点生态功能区	0.53	0.52	0.45

北京市：优化开发区国土开发聚集度水平总体较高（0.79～0.82），2005～2015 年下降了 0.03；而重点生态功能区国土开发聚集度水平相对较低（0.47～0.53），2005～2015 年下降了 0.06。显然，北京市优化开发区的国土开发聚集度最高，表明其空间集约化水平要好于京津冀地区内其他城市，但也应注意国土开发聚集度水平过高导致的"摊大饼"模式所带来的各类问题。此外，北京市应加强对重点生态功能区内城乡建设用地空间布局的规划和管理，提高其用地集约化水平和经济效益。

天津市：优化开发区国土开发聚集度水平最高（0.70～0.74），2005～2015 年下降了 0.04；而重点开发区国土开发聚集度水平总体最低（0.58～0.68），2005～2015 年下降了 0.1；重点生态功能区国土开发聚集度水平总体较高（0.65～0.73），2005～2015 年下降了 0.08。显然，天津市重点开发区（主要是滨海新区）城乡建设用地布局明显较差，不仅远低于优化开发区的水平，甚至也低于重点生态功能区的水平，同时也低于河北省优化开发区、重点开发区和农产品主产区的国土开发聚集度水平。综合考虑该地区国土开发强度水平，未来天津市应重点加强对重点开发区城乡建设用地的管理和优化，避免土地无序扩展，提高建设用地的集约化水平和产出能力。与此同时，继续保持本区域内重点生态功能区（主要是宁河区、蓟州区）内优良的建设用地规划、管理水平。

河北省：境内优化开发区、重点开发区、农产品主产区的国土开发聚集度差别不大，大致都在 0.67 ~ 0.76，2005 ~ 2010 年的下降幅度也差不多，大致在 0.05 ~ 0.08。重点生态功能区内国土开发聚集度最低，在 0.45 ~ 0.53，2005 ~ 2010 年下降了 0.08；与北京市的水平大致相当。总的来看，河北省未来应注意对重点生态功能区城乡建设用地的规划和管理，提高其用地的集约化水平和经济效益。

4.1.3 国土开发均衡度

国土开发聚集度可以描绘城乡建设用地在特定空间的聚集情况，但无法刻画城乡建设用地在不同发展"圈层"间的扩展态势。国土开发均衡度指标可以评价行政区内城乡建设扩展在传统中心城区与传统远郊区县间的空间分布特点。国土开发均衡度指标是在地级市尺度上计算分析的，与主体功能区是在县，甚至乡一级上开展区划的尺度完全不同，因此对于国土开发均衡度的分析不可能从主体功能区维度展开。

2005 ~ 2010 年，京津冀地区大部分地市国土开发活动以传统中心城区开发为重点，国土开发均衡度小于 1 的地区有沧州市、衡水市、承德市、邢台市、张家口市、石家庄市 6 个城市，这些地区面积占京津冀地区全区面积的一半以上。同时，以远郊区县为开发重点的地区有唐山市、秦皇岛市等城市，尤其是唐山市的国土开发均衡度最大。

2010 ~ 2015 年，京津冀地区大部分地市国土开发活动普遍转向远郊区县，国土开发均衡度大于 1 的地区有北京市、邯郸市、秦皇岛市、邢台市、承德市、石家庄市、张家口市 7 个城市，这些地区面积占京津冀地区全区面积的一半以上；其中，北京市国土开发均衡度最大，为 4.28。继续以传统中心城区为开发重点（即国土开发均衡度小于 1）的地区有唐山市、保定市、衡水市、沧州市、廊坊市、天津市 6 个城市，这些地区面积已经小于京津冀地区全区面积的一半（表 4-7）。

表 4-7　京津冀地区国土开发均衡度统计（地级市、直辖市）

地区	2005 ~ 2010 年		2010 ~ 2015 年		均衡度		
	中心城区扩展率	远郊区县扩展率	中心城区扩展率	远郊区县扩展率	2005 ~ 2010 年	2010 ~ 2015 年	均衡度变化
北京市	0.21	0.57	0.02	0.09	2.71	4.28	1.58
天津市	0.25	0.26	0.11	0.11	1.03	0.93	−0.10
石家庄市	0.58	0.57	0.08	0.10	0.98	1.37	0.38
唐山市	0.33	5.79	7.09	0.53	17.59	0.07	−17.52
秦皇岛市	0.14	0.44	0.25	0.51	3.27	2.08	−1.19
邯郸市	0.18	0.35	0.04	0.11	1.92	2.47	0.55
邢台市	0.60	0.50	0.09	0.18	0.83	2.06	1.22
保定市	0.37	0.46	0.09	0.07	1.26	0.71	−0.55
张家口市	0.70	0.63	0.10	0.14	0.90	1.37	0.47
承德市	1.86	1.48	0.08	0.16	0.80	1.70	0.90
沧州市	0.15	0.01	0.11	0.09	0.06	0.83	0.77
廊坊市	0.12	0.26	0.22	0.20	2.22	0.90	−1.31
衡水市	0.43	0.18	0.18	0.13	0.42	0.73	0.31

1）北京市：相比 2005 ~ 2010 年的国土开发均衡度，北京市 2010 ~ 2015 年的国土开发均衡度有所提升，这表明北京市城六区与传统远郊区县的国土开发更趋于平衡。究其原因，是因为 2005 年以后，城六区可供开发的土地不多甚至消耗殆尽，国土开发活动只能转向郊区各区县。

2）天津市：相比 2005 ~ 2010 年的国土开发均衡度，天津市 2010 ~ 2015

年的国土开发均衡度有所下降。究其原因，是因为 2005～2010 年滨海新区、静海区等地区国土开发面积相比中心城区极大；而在 2010～2015 年，上述两区的国土开发力度明显减弱，由此大幅度降低了整个郊区县的新增国土开发面积，并进而导致天津市国土开发均衡度有所下降。

3）石家庄市：相比 2005～2010 年的国土开发均衡度，石家庄市 2010～2015 年的国土开发均衡度有所上升，其原因是 2010～2015 年，中心城区可供开发土地大幅度减少甚至全部消耗殆尽（桥东区与桥西区）；而相比中心城区，远郊区县的国土开发扩展率较高。因此，总体上 2005～2015 年石家庄市整体国土开发布局趋于均衡。

4）唐山市：相比 2005～2010 年的国土开发均衡度，唐山市 2010～2015 年的国土开发均衡度大幅度下降，主要是迁西县、曹妃甸区等在 2005～2010 年国土开发活动剧烈，迁西县 2005～2010 年的国土开发扩展率达 139%，而 2010～2015 年，其国土开发强度大幅度减弱；而中心城区 2010～2015 年的国土开发强度相比前期增加。因此，从两期国土开发均衡度来看，该地区的国土开发布局趋于不均衡发展。

5）秦皇岛市：相比 2005～2010 年的国土开发均衡度，秦皇岛市 2010～2015 年的国土开发均衡度有所降低，2010～2015 年秦皇岛市中心城区与远郊区县（除青龙满族自治县）的国土开发扩展率相比 2005～2010 年均有所上升，但中心城区的国土开发扩展率扩张更多。从国土开发均衡度来说，2005～2015 年秦皇岛市整体国土开发布局不均衡。

6）邯郸市：相比 2005～2010 年的国土开发均衡度，邯郸市 2010～2015 年的国土开发均衡度有所上升，主要是临漳县、大名县等远郊区县 2010～2015 年国土开发强度大幅度增加，而中心城区 2010～2015 年的国土开发扩展率较低。2005～2015 年邯郸市整体国土开发布局趋于均衡。

7）邢台市：相比 2005～2010 年的国土开发均衡度，邢台市 2010～2015

年的国土开发均衡度有所上升，主要是临西县、威县等远郊区县 2010 ~ 2015 年国土开发强度相比中心城区大幅度增加，而中心城区（如桥东区）2015 年的国土开发强度相比 2010 年大幅度下降，因此 2010 ~ 2015 年国土开发均衡度较高。总体来说 2005 ~ 2015 年邢台市整体国土开发布局趋于均衡。

8）保定市：相比 2005 ~ 2010 年的国土开发均衡度，保定市 2010 ~ 2015 年的国土开发均衡度有略微下降，2010 ~ 2015 年保定市中心城区与远郊区县的国土开发扩展率相比 2005 ~ 2010 年均有所下降，但远郊区县的国土开发扩展率下降更多一些，2010 ~ 2015 年国土开发均衡度略微下降。总体来说，2005 ~ 2015 年保定市整体国土开发布局趋于不均衡态势。

9）张家口市：相比 2005 ~ 2010 年的国土开发均衡度，张家口市 2010 ~ 2015 年的国土开发均衡度上升，主要是远郊区县 2010 ~ 2015 年国土开发强度相比中心城区较高，中心城区 2010 ~ 2015 年的国土开发强度相比 2005 ~ 2010 年有所下降。总体来说，2005 ~ 2015 年张家口市整体国土开发布局趋于均衡。

10）承德市：相比 2005 ~ 2010 年的国土开发均衡度，承德市 2010 ~ 2015 年的国土开发均衡度大幅度上升，主要是 2005 ~ 2010 年，中心城区（如双滦区）开发率达 600% 以上，而 2010 ~ 2015 年中心城区国土开发强度相比 2005 ~ 2010 年大幅度下降，但丰宁满族自治县等远郊区县 2010 ~ 2015 年国土开发强度相比中心城区较高。因此，从国土开发均衡度来说，2005 ~ 2015 年承德市整体国土开发布局趋于均衡。

11）沧州市：相比 2005 ~ 2010 年的国土开发均衡度，沧州市 2010 ~ 2015 年的国土开发均衡度有所上升，主要是海兴县、盐山县等远郊区县 2010 ~ 2015 年国土开发强度相比中心城区大幅度增加。因此，从国土开发均衡度来说，2005 ~ 2015 年沧州市整体国土开发布局趋于均衡。

12）廊坊市：相比 2005 ~ 2010 年的国土开发均衡度，廊坊市 2010 ~ 2015 年的国土开发均衡度有所下降，主要是文安县、霸州市等 2005～2010 年国土开发强度相比中心城区大幅度增加，而 2010～2015 年其国土开发强度相对减弱。文安县 2005～2010 年其国土开发强度达 95% 以上，大大超过了廊坊市安次区、广阳区等中心城区，而在 2010～2015 年其国土开发强度相比廊坊市的中心城区较低。因此，从国土均衡度来说，2005～2015 年廊坊市整体国土开发布局趋于不均衡态势。

13）衡水市：相比 2005～2010 年的国土开发均衡度，衡水市 2010～2015 年的国土开发均衡度有略微上升，主要是安平县、武邑县等远郊区县 2010～2015 年国土开发强度相比中心城区较高，而中心城区桃城区 2010～2015 年国土开发强度相比 2005～2010 年有大幅度下降。总体来说，2005～2015 年衡水市整体国土开发布局趋于均衡。

4.1.4 小结

2015 年，北京市国土开发强度为 21.51%，未超出《北京市主体功能区规划》设定的 2020 年规划目标。天津市国土开发强度为 25.82%，河北省国土开发强度为 11.19%。

2015 年，京津冀地区国土开发强度从高到低依次为优化开发区、重点开发区、农产品主产区和重点生态功能区，国土开发的总体格局与 2005 年相比没有变化。国土开发格局与《全国主体功能区规划》定位相一致，符合规划目标要求。

2005～2015 年，优化开发区、重点开发区新增城乡建设用地总面积（4944.5 km²）是农产品主产区、重点生态功能区新增城乡建设用地总面积（3875.6 km²）的 1.3 倍。国土开发活动主要集中在优化开发区、重点开发区，国土开发活动重点方向与《全国主体功能区规划》要求相一致，符合规划目标要求。

2005～2015 年，重点开发区新增国土开发的增长速率达到 55.1%，是优化开发区增长速率（34.7%）的 1.6 倍，表明重点开发区发展势头强劲，京津冀地区各级政府国土开发活动的重点落实在重点开发区。这与《全国主体功能区规划》要求相一致，符合规划目标要求。但是同期，重点生态功能区城乡建设用地面积增长率最高，表明重点生态功能区国土开发活动过强，以后需加强管理。

北京市与天津市的国土开发聚集度较高，表明两个直辖市的城乡建设偏向于依托现有城区，以蔓延式、集中连片式开发为主要特征。对于北京市来说，应注意国土开发聚集度水平过高、"摊大饼"模式所带来的各类问题。对于天津市来说，要重点监督重点开发区（滨海新区）城乡建设布局，调整国土开发强度过大、国土开发偏于星散的布局，避免土地无序扩展，提高建设用地的集约化水平和产出能力。

国土开发聚集度从大到小依次为优化开发区、重点开发区、农产品主产区与重点生态功能区。国土开发聚集度高低特征主要受到不同主体功能区所在的自然环境的影响。2005～2015 年，京津冀地区国土开发聚集度呈下降态势，表明城乡建设用地布局趋向于离散化。其中，优化开发区、农产品主产区国土开发聚集度下降较少，反映两类主体功能区内建设用地空间布局管理相对较好；重点开发区、重点生态功能区国土开发聚集度下降较多，反映两类主体功能区内城乡建设用地布局管理相对较差，建设用地集约化利用程度有一定下降。

2005～2010 年，大部分城市的国土开发活动以传统中心城区开发为重点，这类型城市的面积占京津冀地区全区面积一半以上。2010～2015 年，大部分城市国土开发活动普遍转向远郊区县，这类型城市面积占京津冀地区全区面积一半以上。国土开发重点在传统中心城区、远郊区县发生变化的态势表明：京津冀地区作为国家级优化开发区，其城乡建设布局得到逐步优化，传统远郊区县得到更多的开发机会。

4.2　城市绿被

城市绿被是反映高强度国土开发区域（即城市）生态环境状况、人民宜居水平的基本要素。对城市绿被的监测评价，首先是对城市绿被面积、城市绿被率进行评价，而后深入到城市内部，对影响城市绿地服务居民休憩能力的关键因素——城市绿被空间分布的均匀性进行评价。

4.2.1 城市绿被率

2005年以来，对京津冀地区各城市的城市绿被总面积的统计表明（表4-8）：北京市、天津市城市绿被面积最高，河北省的石家庄市、唐山市城市绿被面积较高，其他县（区、市）城市绿被面积较低。显然，城市绿被面积的大小首先与城市建成区面积直接相关。因此，与河北省内各县（市、区）相比，北京市、天津市分别作为首都与直辖市，城市建成区较大，城市绿被面积也要明显较高。

表 4-8　2005 ~ 2015 年京津冀地区各城市的城市绿被面积及其变化

地区	城市绿被面积（km²）			变化斜率（km²/a）
	2005 年	2010 年	2015 年	
北京市	518.93	1229.72	1405.54	88.66
天津市	296.21	392.54	484.75	18.85
石家庄市	104.31	315.91	449.59	34.53
唐山市	135.90	213.53	269.65	13.38
秦皇岛市	60.63	93.93	108.13	4.75
邯郸市	81.37	228.16	194.42	11.31
邢台市	53.22	126.19	130.74	7.75
保定市	133.72	140.70	187.02	5.33
张家口市	55.06	124.75	101.61	4.66
承德市	19.81	61.74	60.12	4.03
沧州市	60.39	149.42	125.95	6.56
廊坊市	91.06	155.16	155.19	6.41
衡水市	50.11	102.42	94.88	4.48
河北省	845.58	1711.91	1877.30	97.76
京津冀地区	1660.72	3334.17	3767.59	205.27

对 2005 ~ 2015 年京津冀地区各县（市、区）城市绿被面积及其变化分析制图，可以发现：大部分县（市、区）城市绿被面积呈增加态势，其中北京市、天津市、唐山市、石家庄市、邯郸市等地区城市绿被面积增加较明显；而承德市、衡水市、张家口市、秦皇岛市等地区城市绿被面积增加较少。在张家口市、保定市、廊坊市等城市内部，甚至有部分县（市、区）的城市绿被面积呈现减少趋势。

城市绿被面积的大小与城市建成区面积直接相关，因此对城市绿被面积大小的监测评价不可避免地受到建成区面积大小尺度上的影响。为了避免上述尺度影响，城市绿被覆盖监测评价应当主要以城市绿被率为主。各地区城市绿被率见表 4-9。

表 4-9 2005 ~ 2015 年京津冀地区城市绿被率及变化情况

地区	城市绿被率（%）			斜率
	2005 年	2010 年	2015 年	
北京市	39.90	47.74	49.13	0.92
天津市	35.60	33.61	39.24	0.36
石家庄市	31.03	41.70	45.60	1.46
唐山市	39.08	43.13	47.37	0.83
秦皇岛市	37.50	45.16	41.46	0.40
邯郸市	35.31	49.63	37.69	0.24
邢台市	32.97	43.26	36.18	0.32
保定市	35.88	30.74	37.03	0.12
张家口市	32.98	43.69	38.71	0.57
承德市	29.34	43.80	38.46	0.91
沧州市	26.11	48.80	38.26	1.22
廊坊市	43.44	43.20	40.59	-0.28
衡水市	33.22	44.69	37.53	0.43
河北省	34.79	43.35	41.88	1.48
京津冀地区	36.40	43.35	45.18	1.00

由表 4-9 可以发现：城市绿被率的高低与地区经济社会发展水平、城市治理能力有明显关系。经济社会发展水平越高，城市治理能力越强，城市绿被率越高。

例如，北京市、天津市城市绿被率较高，而河北省各城市相对来说城市绿被率较低。2015 年，北京市城市绿被率最高，达到 49.13%；天津市为 39.24%；河北省的石家庄市、唐山市、秦皇岛市、廊坊市的城市绿被率也较高，均在 40% 以上；河北省的邢台市最低，仅为 36.18%。

对 2005 ~ 2015 年京津冀地区各县（市、区）城市绿被率及其变化态势的制图监测表明：2005 ~ 2015 年，京津冀地区城市绿被率总体呈现上升态势。其中，京津冀地区中部、东部（即北京—廊坊—天津一线区县、环渤海区县）城市绿被率增加态势明显。城市绿被率增加的地区主要集中在北京市、天津市、沧州市、唐山市等地区；城市绿被率减少的地区主要集中在衡水市、承德市、廊坊市、张家口市等地区。

4.2.2 城市绿化均匀度

城市绿被空间分布是否合理，不仅直接影响城市居民享受公共绿地的可能性，同时也会影响城市景观和城市生态服务功能。

2005 ~ 2015 年，京津冀地区城市绿化均匀度见表 4-10。

表 4-10 2005 ~ 2015 年京津冀地区城市绿化均匀度及其变化

地区	城市绿化均匀度			斜率
	2005 年	2010 年	2015 年	
北京市	0.598	0.645	0.653	0.006
天津市	0.558	0.546	0.590	0.003
石家庄市	0.533	0.606	0.633	0.010
唐山市	0.585	0.620	0.649	0.006

续表

地区	城市绿化均匀度			斜率
	2005 年	2010 年	2015 年	
秦皇岛市	0.582	0.635	0.617	0.004
邯郸市	0.563	0.664	0.586	0.002
邢台市	0.545	0.617	0.575	0.003
保定市	0.571	0.533	0.585	0.001
张家口市	0.556	0.615	0.588	0.000
承德市	0.507	0.625	0.598	0.009
沧州市	0.490	0.652	0.595	0.011
廊坊市	0.618	0.615	0.606	-0.001
衡水市	0.539	0.618	0.590	0.005
河北省	0.568	0.626	0.586	0.002
京津冀地区	0.576	0.634	0.625	0.005

京津冀地区城市绿化均匀度在空间分布上没有特别的规律（表 4-10）。总体呈现出在北京—天津沿线区县以及河北省东南部相关地区较高，而在其他地区，特别是京津冀地区西北部各县（市、区）较低。

其中，北京市城市绿化均匀度最高，2015 年其城市绿化均匀度达到 0.653；天津市城市绿化均匀度也较高，为 0.590；河北省石家庄市、唐山市、秦皇岛市、廊坊市的城市绿化均匀度较高，到 2015 年均在 0.6 以上；邢台市、保定市两市的城市绿化均匀度最低，在 2015 年分别为 0.575、0.585。

2005 ~ 2015 年，京津冀地区城市绿化均匀度呈现增加趋势。2005 年京津冀地区整体城市绿化均匀度为 0.576，到 2010 年增加至 0.634，2015 年达到 0.625，城市绿化均匀度增加了 0.049。其中，城市绿化均匀度增加的县（市、区）主要分布在北京市、天津市、沧州市、唐山市等地区；而城市绿化均匀度下降的县（区、市）主要分布在衡水市、承德市、廊坊市等地区。

4.2.3 重要城市的城市绿被率和城市绿化均匀度

城市绿被集中分布于城市建成区，区域尺度上的空间制图及统计无法直观展示城市绿被在总体分布及分布适宜性上的变化。因此，有必要深入到重点城市内部，就城市绿被的空间分布、城市绿被率以及城市绿化均匀度等指标开展深入分析。

1. 北京市

2005～2015年，分别对北京市城市绿被空间分布、分区县面积进行统计分析。

从空间来看，北京市城市绿被面积空间分布为中心城区少，四周多，越靠近中心城区城市绿被面积越少；东城区、西城区、平谷区、门头沟区等地区城市绿被面积较少，朝阳区、昌平区、大兴区、顺义区等地区城市绿被面积较多。昌平区城市绿被面积最多，2015年高达 220.45 km^2；西城区城市绿被面积最少，2015年仅为 9.68 km^2。显然，各区县城市绿被面积大小，受到行政区自身面积大小、地理位置以及城市建成区大小的影响[37]。

2005～2015年，全市城市绿被面积由2005年的 518.93 km^2 增加至2015年的 1405.54 km^2。全市各区县中，城市绿被面积增加最快的是昌平区、顺义区、房山区等地，城市绿被面积增加最慢的是平谷区、东城区和西城区等地，见表4-11。

表4-11 北京市各区县城市绿被面积

地区	城市绿被面积（km^2）			斜率
	2005年	2010年	2015年	
东城区	9.93	8.33	10.23	0.03
西城区	8.99	7.09	9.68	0.07

续表

地区	城市绿被面积（km²）			斜率
	2005 年	2010 年	2015 年	
朝阳区	107.90	205.95	215.18	10.73
丰台区	57.97	88.49	109.29	5.13
石景山区	19.60	24.55	27.47	0.79
海淀区	73.67	112.95	120.79	4.71
门头沟区	10.86	13.97	17.12	0.63
房山区	24.10	94.34	136.84	11.27
通州区	25.81	107.90	136.28	11.05
顺义区	23.66	131.45	155.34	13.17
昌平区	60.98	201.36	220.45	15.95
大兴区	53.12	142.34	160.14	10.70
怀柔区	8.45	33.13	30.72	2.23
平谷区	14.16	16.50	13.77	−0.04
密云县	11.62	24.32	23.26	1.16
延庆县	8.11	17.05	18.98	1.09
北京市	518.93	1229.72	1405.54	88.66

在城市绿被率(表4-12)方面,北京市各区县城市绿被率总体上是中心城区低,四周区县高;西城区、东城区、平谷区的城市绿被率较低,顺义区、延庆县、昌平区、房山区、怀柔区等地区的城市绿被率较高。延庆县城市绿被率最高,2015年高达58.83%;西城区城市绿被率最低,2015年仅为19.18%。

表 4-12　北京市各区县城市绿被率

地区	城市绿被率（%）			斜率
	2005 年	2010 年	2015 年	
东城区	23.87	20.41	24.21	0.03

续表

地区	城市绿被率（%）			斜率
	2005 年	2010 年	2015 年	
西城区	17.78	14.45	19.18	0.14
朝阳区	38.91	44.31	46.68	0.78
丰台区	30.77	36.57	43.07	1.23
石景山区	34.43	39.80	44.36	0.99
海淀区	40.26	47.10	46.55	0.63
门头沟区	35.88	39.70	45.05	0.92
房山区	41.83	44.05	52.41	1.06
通州区	41.13	49.88	48.99	0.79
顺义区	60.17	61.88	57.75	−0.24
昌平区	54.02	61.80	57.81	0.38
大兴区	42.80	45.32	48.80	0.60
怀柔区	48.79	57.35	50.15	0.14
平谷区	62.76	54.26	39.85	−2.29
密云县	49.39	51.82	48.96	−0.04
延庆县	55.42	53.04	58.83	0.34
北京市	39.90	47.74	49.13	0.92

2005 ~ 2015 年，全市城市绿被率是不断增加的，从 2005 年的 39.90% 增加到 2015 年的 49.13%。其中，增加最快的是房山区、丰台区、门头沟区、石景山区等地区，增加最慢甚至呈现城市绿被率下降的是平谷区、顺义区、密云县等地区。

在城市绿化均匀度（表 4-13）方面：北京市城市绿化均匀度空间分布为中心城区低，四周高；其中东城区、西城区城市绿化均匀度较低，延庆县、昌平区、顺义区等地区的城市绿化均匀度较高。2005 ~ 2015 年，北京市城市绿化均匀度整体上呈现增长的趋势，从 2005 年的 0.598 增加到 2015 年的 0.653，这表明北京市城市绿被空间分布越来越均匀，布局更合理。

表 4-13　北京市各区县城市绿化均匀度

地区	城市绿化均匀度			斜率
	2005 年	2010 年	2015 年	
东城区	0.477	0.420	0.466	−0.001
西城区	0.427	0.356	0.415	−0.001
朝阳区	0.59	0.623	0.635	0.005
丰台区	0.529	0.566	0.612	0.008
石景山区	0.56	0.594	0.625	0.006
海淀区	0.6	0.638	0.633	0.003
门头沟区	0.569	0.586	0.630	0.006
房山区	0.611	0.623	0.676	0.006
通州区	0.608	0.658	0.653	0.004
顺义区	0.728	0.724	0.704	−0.002
昌平区	0.69	0.730	0.710	0.002
大兴区	0.618	0.631	0.649	0.003
怀柔区	0.656	0.708	0.654	0.000
平谷区	0.738	0.676	0.592	−0.015
密云县	0.664	0.677	0.652	−0.001
延庆县	0.75	0.690	0.711	−0.004
北京市	0.598	0.645	0.653	0.006

2. 天津市

2005 ~ 2015 年，根据天津市城市绿被的空间分布、公里网格的绿被面积占比等信息可以得出，从整体上来看，天津市城市绿被面积逐渐增大，2005 年为 296.2 km²，到 2015 年增加至 484.74 km²，城市绿被面积增加 188.54 km²，增幅为 63.65%。其中，滨海新区城市绿被面积最高，到 2015 年为 115.44 km²，和平区城市绿被面积最低，到 2015 年仅为 3.31 km²（表 4-14）[38-40]。城市绿被率情况见表 4-15。

表 4-14　天津市各区县城市绿被面积

地区	城市绿被面积（km²）			斜率
	2005 年	2010 年	2015 年	
和平区	2.16	2.53	3.31	0.12
河东区	13.33	13.48	16.22	0.29
河西区	12.15	13.19	17.77	0.56
南开区	12.11	12.82	15.58	0.35
河北区	10.17	11.23	13.62	0.34
红桥区	8.04	7.53	10.48	0.24
滨海新区	70.52	69.20	115.44	4.49
东丽区	32.07	47.21	58.91	2.68
西青区	48.72	75.84	89.59	4.09
津南区	21.62	24.30	33.72	1.21
北辰区	19.97	36.60	41.96	2.20
武清区	14.77	23.43	27.54	1.28
宝坻区	6.74	21.09	11.01	0.43
宁河区	4.03	5.80	5.60	0.16
静海区	7.02	12.16	11.44	0.44
蓟州区	12.78	16.14	12.55	−0.02
天津市	296.2	392.55	484.74	18.85

表 4-15　天津市各区县城市绿被率

地区	城市绿被率（%）			斜率
	2005 年	2010 年	2015 年	
和平区	6.99	25.56	33.00	1.10
河东区	16.68	33.91	40.50	0.71
河西区	14.51	34.18	46.58	1.50
南开区	16.61	33.04	40.23	0.92
河北区	16.27	38.51	46.90	1.19
红桥区	20.02	35.20	48.89	1.14
滨海新区	16.36	18.58	29.51	0.19
东丽区	32.51	37.31	44.08	−0.13
西青区	32.98	46.32	52.21	0.54
津南区	29.25	37.08	45.42	0.28
北辰区	27.22	36.94	41.34	0.16
武清区	28.70	44.85	41.41	0.16
宝坻区	33.10	79.63	39.62	−0.09
宁河区	20.33	26.79	22.33	−0.60
静海区	19.15	36.91	34.33	0.72
蓟州区	61.38	54.60	37.90	−0.49
天津市	35.60	33.61	39.24	0.36

2005 ~ 2015 年天津市城市绿化均匀度整体上呈现增长的趋势，2005 年为 0.558，到 2015 年增长至 0.590。其中西青区城市绿化均匀度最高，到 2015 年，为 0.677，宁河区城市绿化均匀度最低，到 2015 年仅为 0.44，见表 4-16。

表 4-16   天津市各区县城市绿化均匀度

地区	城市绿化均匀度			斜率
	2005 年	2010 年	2015 年	
和平区	0.441	0.472	0.546	0.011
河东区	0.541	0.542	0.602	0.006
河西区	0.529	0.549	0.641	0.011
南开区	0.527	0.539	0.600	0.007
河北区	0.555	0.582	0.643	0.009
红桥区	0.573	0.554	0.657	0.008
滨海新区	0.494	0.415	0.513	0.002
东丽区	0.632	0.574	0.622	−0.001
西青区	0.640	0.635	0.677	0.004
津南区	0.616	0.573	0.634	0.002
北辰区	0.592	0.570	0.604	0.001
武清区	0.583	0.626	0.615	0.003
宝坻区	0.580	0.829	0.594	0.001
宁河区	0.506	0.501	0.440	−0.007
静海区	0.489	0.573	0.561	0.007
蓟州区	0.610	0.693	0.598	−0.001
天津市	0.558	0.546	0.590	0.003

3. 石家庄市

2005～2015 年，根据河北省石家庄市城市绿被的空间分布、公里网格的绿被面积占比等信息，可以得出，石家庄市城市绿被面积空间分布为中心城区和西南部低，东北部高；其中行唐县、平山县、深泽县城市绿被面积较低，裕华区、赞皇县、藁城市城市绿被面积较高。藁城市城市绿被面积最高，2015 年达到 46.68 km^2，行唐县城市绿被面积最低，2015 年仅为 2.57 km^2。2005～2010 年，全市城市绿被面积由 104.29 km² 增加至 315.89 km²，城市绿被面积增加 211.6 km²，2010～2015 年，全市城市绿被面积由 315.89 km² 增加至 449.57 km²。全市各县（市、区）中，城市绿被面积增加最快的是藁城市、鹿泉区、裕华区、赞皇县，城市绿被面积增加最慢的是平山县、行唐县（表 4-17）[41, 42]。

表 4-17　石家庄市各县（市、区）城市绿被面积

地区	城市绿被面积（km²）			斜率
	2005 年	2010 年	2015 年	
长安区	7.39	17.80	23.81	1.64
桥东区	5.64	13.18	15.83	1.02
桥西区	12.78	15.11	24.13	1.14
新华区	11.67	31.97	38.00	2.63
裕华区	8.09	35.34	40.37	3.23
井陉县	5.52	6.23	15.56	1.00
正定县	2.84	12.70	16.85	1.40
栾城区	1.95	14.20	23.65	2.17
行唐县	1.46	1.17	2.57	0.11
灵寿县	4.33	6.51	11.00	0.67
高邑县	2.38	6.85	13.81	1.14
深泽县	3.24	5.07	6.46	0.32
赞皇县	1.15	1.86	40.37	3.92
无极县	1.97	8.20	11.35	0.94
平山县	3.07	3.61	4.56	0.15
元氏县	2.61	8.55	11.70	0.91
赵县	3.80	11.82	10.00	0.62
辛集市	5.36	16.78	19.34	1.40
藁城市	4.37	37.64	46.68	4.23

续表

地区	城市绿被面积（km²）			斜率
	2005 年	2010 年	2015 年	
晋州市	6.15	24.79	24.60	1.85
新乐市	4.83	8.32	11.77	0.69
鹿泉区	3.69	28.19	37.16	3.35
石家庄市	104.29	315.89	449.57	34.53

　　石家庄市城市绿被率分布为中心城区低，周围区县高，灵寿县、元氏县、藁城市、晋州市、高邑县城市绿被率较高；长安区、正定县、平山县城市绿被率较低。其中高邑县城市绿被率最高，到 2015 年达到 67.55%；平山县城市绿被率最低，到 2015 年仅为 33.85%。

　　石家庄市城市绿被率呈现逐渐增加的趋势，2005 ~ 2010 年，全市城市绿被率由 31.03% 提高至 41.70%，2010 ~ 2015 年城市绿被率由 41.70% 增加至 45.60%，全市各县（市、区）中，元氏县、鹿泉区、辛集市、高邑县等地区城市绿被率增加较快，井陉县、平山县等地区城市绿被率下降较快（表 4-18）。

表 4-18　石家庄市各县（市、区）城市绿被率

地区	城市绿被率（%）			斜率
	2005 年	2010 年	2015 年	
长安区	26.25	32.03	39.33	1.31
桥东区	25.74	35.40	42.32	1.66
桥西区	31.63	27.33	43.36	1.17
新华区	33.09	41.96	50.04	1.70
裕华区	29.48	38.76	42.87	1.34
井陉县	41.54	34.87	36.49	−0.51
正定县	21.68	36.07	39.07	1.74

地区	城市绿被率（%）			斜率
	2005 年	2010 年	2015 年	
栾城区	26.20	36.61	44.94	1.87
行唐县	25.85	22.66	41.62	1.58
灵寿县	41.78	37.86	56.43	1.47
高邑县	24.13	43.82	67.55	4.34
深泽县	47.88	53.05	47.94	0.01
赞皇县	31.60	34.21	42.87	1.13
无极县	30.44	45.54	46.48	1.60
平山县	41.72	29.69	33.85	−0.79
元氏县	26.12	46.08	60.52	3.44
赵县	34.63	56.74	46.02	1.14
辛集市	27.09	46.20	50.42	2.33
藁城市	35.74	49.66	52.03	1.63
晋州市	37.07	64.97	54.45	1.74
新乐市	28.17	38.52	44.74	1.66
鹿泉区	29.98	50.58	50.09	2.01
石家庄市	31.03	41.70	45.60	1.46

在城市绿化均匀度方面，石家庄市城市绿化均匀度空间分布为中心城区低，四周区县高，全市各县（市、区）中，鹿泉区、元氏县、灵寿县、晋州市、藁城市等地区城市绿化均匀度较高，长安区、井陉县、赞皇县、正定县、平山县等地区城市绿化均匀度较低。其中元氏县最高，到 2015 年城市绿化均匀度为 0.735，平山县最低，到 2015 年城市绿化均匀度为 0.557。

从时间动态上来看，石家庄市城市绿化均匀度整体呈现增加的趋势，2005～2010 年，城市绿化均匀度由 0.533 增加至 0.606，到 2015 年又增加至 0.633。

其中元氏县城市绿化均匀度增加最快,平山县城市绿化均匀度降低最快(表4-19)。

表 4-19 石家庄市各县（市、区）城市绿化均匀度

地区	城市绿化均匀度			斜率
	2005 年	2010 年	2015 年	
长安区	0.495	0.533	0.595	0.010
桥东区	0.494	0.558	0.618	0.012
桥西区	0.540	0.494	0.626	0.009
新华区	0.553	0.608	0.666	0.011
裕华区	0.523	0.584	0.622	0.010
井陉县	0.606	0.563	0.579	−0.003
正定县	0.461	0.567	0.593	0.013
栾城区	0.500	0.575	0.637	0.014
行唐县	0.504	0.448	0.615	0.011
灵寿县	0.612	0.577	0.710	0.010
高邑县	0.486	0.619	0.652	0.017
深泽县	0.646	0.676	0.666	0.002
赞皇县	0.535	0.552	0.573	0.004
无极县	0.527	0.635	0.643	0.012
平山县	0.601	0.515	0.557	−0.004
元氏县	0.489	0.644	0.735	0.025
赵县	0.557	0.696	0.639	0.008
辛集市	0.484	0.637	0.666	0.018
藁城市	0.568	0.658	0.685	0.012
晋州市	0.571	0.754	0.686	0.012
新乐市	0.509	0.591	0.640	0.013
鹿泉区	0.527	0.669	0.675	0.015
石家庄市	0.533	0.606	0.633	0.010

4.2.4　小结

城市绿被面积与城市建成区面积直接相关。2005 ~ 2015 年，北京市、天津市城市绿被面积最高，河北省的石家庄市、唐山市城市绿被面积较高，其他县（市、区）城市绿被面积较低。2005 ~ 2015 年，大部分县（市、区）城市绿被面积呈增加态势，其中北京市、天津市、唐山市、石家庄市、邯郸市等地区城市绿被面积增加较明显；承德市、衡水市、张家口市、秦皇岛市等地区城市绿被面积增加较少。

城市绿被率高低与地区经济社会发展水平、城市治理能力有明显关系。2015 年，北京市、天津市绿被率较高，而河北省各城市相对来说城市绿被率较低。2005 ~ 2015 年，京津冀地区城市绿被率总体呈现上升态势。其中，京津冀地区中部、东部（即北京—廊坊—天津一线区县、环渤海区县）城市绿被率增加态势明显。

京津冀地区各城市的城市绿化均匀度在空间分布上没有特别的规律。总体呈现出在北京—天津沿线区县以及河北省东南部相关地区较高，而在其他地区，特别是京津冀地区西北部各县（市、区）较低。2005 ~ 2015 年，京津冀地区城市绿化均匀度呈现增加趋势。城市绿化均匀度增加的县（市、区）主要分布在北京市、天津市、沧州市、唐山市等地区；而城市绿化均匀度下降的县（市、区）主要分布在衡水市、承德市、廊坊市等地区。

对于北京来说：2005 ~ 2015 年，全市城市绿被面积由 2005 年的 518.93 km^2 增加至 2015 年的 1405.54 km^2。城市绿被率总体上是中心城区低，四周区县高，2005 ~ 2015 年，全市城市绿被率不断升高，从 2005 年的 39.9% 增加到 2015 年的 49.13%。其中，增加最快的是房山区、丰台区、门头沟区、石景山区等地区。北京市绿被布局不断得到改善，城市绿被空间分布越来越均匀，布局更合理。

4.3 城市热岛

城市热岛是反映高强度国土开发区域（即城市）人民宜居水平的另一项重要指标。与城市绿地研究相似，对城市热岛的研究，必须深入城市建成区内部，对不同年份的城市热岛强度、城市热岛区域的面积予以监测、评价。

4.3.1 北京市

1. 城市热岛强度

经降尺度运算后，得到北京市 2005 年、2010 年和 2015 年夏季白天的地表温度（LST）。

监测表明，2005 年夏季，北京市全市平均温度为 27.16℃，其中郊区平均温度为 27.55℃，区域最高温度为 39.57℃；2010 年夏季，北京市全市平均温度为 28.13℃，其中郊区平均温度为 28.57℃，区域最高温度为 40.58℃；2015 年夏季，北京市全市平均温度为 27.93℃，其中郊区平均温度为 27.72℃，区域最高温度为 40.10℃。总的来看，3 个时段，区域最高温度、全市平均温度、郊区平均温度均有轻微波动，变化幅度不大，见表 4-20。

表 4-20　北京市 2005 年、2010 年、2015 年地表温度状况　（单位：℃）

LST	2005 年	2010 年	2015 年
最高值	39.57	40.58	40.10
最低值	18.81	18.97	19.69
全市平均温度	27.16	28.13	27.93
郊区平均温度	27.55	28.57	27.72

2005 ～ 2015 年，各个区县建成区城市热岛强度见表 4-21。

表 4-21　北京市 2005 年、2010 年、2015 年各区县城市热岛强度及其变化

（单位：℃）

地区	城市热岛强度			城市热岛强度变化（2005 ～ 2015 年变化）
	2005 年	2010 年	2015 年	
东城区	6.83	5.89	7.14	0.30
西城区	7.20	6.38	7.33	0.13
朝阳区	5.96	4.29	5.56	−0.40
丰台区	7.18	5.41	6.33	−0.84
石景山区	6.52	5.43	6.14	−0.38
海淀区	5.79	4.29	5.74	−0.06
门头沟区	5.43	4.26	4.62	−0.82
房山区	4.71	3.34	4.67	−0.04
通州区	4.95	3.22	4.52	−0.43
顺义区	4.61	3.21	4.29	−0.32
昌平区	4.74	3.18	4.75	0.01
大兴区	5.65	4.08	5.23	−0.42
怀柔区	4.30	3.41	4.77	0.47
平谷区	3.72	2.82	4.17	0.45
密云县	4.79	3.85	4.86	0.07
延庆县	1.81	0.71	1.16	−0.65

2005 年，北京市传统的中心城区（西城区、丰台区、东城区、石景山区、海淀区、朝阳区等）城市热岛强度较高，均接近或大于 6℃；传统的郊区县（延庆区、房山区、通州区、昌平区、大兴区、怀柔区等）城市热岛强度相对较低，均在 6℃ 以下；城市热岛强度最低的为延庆县（1.81℃）。

2010 年，北京市各区县城市热岛强度得到一定缓解，但西城区、东城区依

然保持较高的城市热岛强度，均在 6℃徘徊；传统的郊区县（延庆县、房山区、通州区、昌平区、大兴区、怀柔区等）城市热岛强度较低，均在 4.5℃以下；城市热岛强度最低的为延庆县，几乎无热岛效应（0.71℃）。

2015 年，中心城区的城市热岛强度依然最高，依然是东城区、西城区为首；延庆县的城市热岛强度依然最弱（1.16℃）。

总体上看，2005 ~ 2015 年，北京市各区县城市热岛强度变化处于变小或相对持平趋势，但几个传统的郊区县（怀柔区、平谷区、密云县、昌平区）城市热岛强度发生轻微升高。具体上升幅度最高的为怀柔区，上升 0.47℃，下降幅度最大的为丰台区，下降 0.84℃。

2. 城市热岛面积

通过城市热岛分级的方法，可以得到全市不同温度区域的空间分布，由此统计得到城市热岛的转移和扩展规律，见表 4-22。

表 4-22 北京市 2005 年、2010 年、2015 年不同城市热岛面积占比及变化

（单位：%）

级别	分级	2005 年	2010 年	2015 年	2005 ~ 2015 年变化
无热岛	<0	55.60	57.88	49.44	-6.16
弱热岛	0 ~ 4	33.98	30.54	32.41	-1.57
中热岛	4 ~ 6	5.05	6.62	10.40	5.35
强热岛	6 ~ 8	3.97	4.05	6.33	2.36
极强热岛	>8	1.40	0.91	1.42	0.02

由表 4-22 可知，2005 ~ 2015 年，北京市无热岛、弱热岛的面积均在减小，而中热岛、强热岛和极强热岛的面积则在增加。其中极强热岛区域增幅最小（0.02%），无热岛区域变化幅度最大（减少 6.16%）。极强热岛进一步向四个方向扩展，特别是有大幅度的向东、东南、东北方向扩展的态势。同时，传统中

心城区（东城区、西城区、朝阳区、海淀区）强热岛区域与传统远郊区（昌平区、顺义区、通州区、大兴区）强热岛区域存在连片趋势，周边远郊区出现分散型弱热岛。

具体到各区县（表 4-23）可以发现：东城区、西城区、朝阳区、丰台区和石景山区等传统中心城区的中、弱热岛区域普遍向强热岛区转化。中心城区内，弱热岛区减少最多的是朝阳区，其次为海淀区；而强热岛区增加最多的是朝阳区，其次为丰台区、海淀区。

表 4-23　北京市各区县 2005 ~ 2015 年不同城市热岛面积占比变化　（单位：%）

地区	无热岛	弱热岛	中热岛	强热岛	极强热岛
东城区	-1.03	-4.45	2.43	0.75	2.30
西城区	-0.20	-1.90	-0.39	1.96	0.53
朝阳区	-1.76	-18.26	17.36	7.30	-4.64
丰台区	-3.26	-6.31	8.21	7.13	-5.77
石景山区	-7.56	1.23	12.07	3.92	-9.66
海淀区	-5.41	-8.98	7.01	6.87	0.51
门头沟区	-10.97	10.73	0.76	-0.36	-0.16
房山区	-7.75	-2.62	6.29	3.43	0.64
通州区	0.07	-28.48	22.43	5.82	0.16
顺义区	-8.72	-4.20	10.72	1.84	0.36
昌平区	-6.14	-5.85	8.26	3.39	0.34
大兴区	20.87	-40.79	8.74	8.75	2.43
怀柔区	-5.58	3.46	1.45	0.65	0.02
平谷区	-14.81	11.62	2.55	0.60	0.04
密云县	-22.09	20.49	1.24	0.36	0.00
延庆县	2.72	-2.68	-0.04	0.00	0.00
北京市	-6.16	-1.57	5.35	2.36	0.02

3. 小结

2005～2015年，北京市城市热岛强度有轻微减缓，但城市热岛区域有所增加。高温区域分布范围与建成区的分布基本一致，全市各区县零星分布有强热岛，强热岛区域大多为工厂房（住宅区）密集或地表裸露的矿区，这些地方周围植被和水域覆盖极少。弱热岛区与无热岛区域分布在北京市西北部到西南部有林地、东部耕地区域。

2015年中心城区的东城区、西城区的城市热岛强度较强，均大于7℃；延庆县几乎无热岛（1.16℃）。

相较于其他中心城区，朝阳区、丰台区、石景山区生态环境改善较为明显，但相对城市热岛变强情况仍然微不足道。

4.3.2 天津市

1. 城市热岛强度

经降尺度运算后，得到天津市2005年、2010年和2015年夏季白天的地表温度（LST）。

监测表明，2005年夏季，天津市全市平均温度为27.80℃，其中郊区平均温度为28.47℃，区域最高温度为37.60℃；2010年夏季，天津市全市平均温度为28.27℃，其中郊区平均温度为28.87℃，区域最高温度为38.42℃；2015年夏季，天津市全市平均温度为28.97℃，其中郊区平均温度为29.48℃，区域最高温度为41.15℃。总的来看，3个时段，2015年天津市各项地表温度均有轻微上升趋势，有变暖趋势，见表4-24。

由于影像限制，天津市蓟州区覆盖不全，故本章节中蓟州区不参与研究讨论。2005～2015年，各个区县建成区城市热岛强度见表4-25。

表 4-24　天津市 2005 年、2010 年、2015 年地表温度状况　　（单位：℃）

LST	2005 年	2010 年	2015 年
最高值	37.60	38.42	41.15
最低值	23.55	22.59	24.39
全市平均温度	27.80	28.27	28.97
郊区平均温度	28.47	28.87	29.48

表 4-25　天津市 2005 年、2010 年、2015 年各区县城市热岛强度及其变化
（单位：℃）

地区	城市热岛强度			城市热岛强度变化（2005～2015年变化）
	2005 年	2010 年	2015 年	
和平区	6.44	5.97	6.02	−0.42
河东区	6.16	5.38	5.28	−0.88
河西区	5.57	4.77	4.34	−1.23
南开区	4.91	4.59	4.31	−0.60
河北区	6.23	5.49	4.97	−1.26
红桥区	5.95	5.66	4.91	−1.04
东丽区	4.28	4.50	4.87	0.60
西青区	2.95	3.54	3.71	0.77
津南区	3.39	3.80	3.98	0.59
北辰区	5.13	4.86	4.63	−0.50
武清区	2.82	3.49	2.89	0.07
宝坻区	3.72	3.48	2.89	−0.83
滨海新区	0.57	0.09	0.78	0.21
宁河区	1.94	2.74	2.83	0.89
静海区	3.65	4.08	4.90	1.26

2005 年，天津市中心城区（和平区、河东区、河北区）城市热岛强度较高，均大于 6℃；城市热岛强度最低的为滨海新区（0.57℃）。

2010年，天津市各区县城市热岛强度得到一定缓解，但和平区依然保持最高的城市热岛强度，接近6℃；城市热岛强度最低的为滨海新区（0.09℃）。

2015年，中心城区的城市热岛强度依然最高，依然是和平区为首（6.02℃）；滨海新区的城市热岛强度依然最弱（0.78℃）。

总体上看，2005～2015年，天津市中心城区城市热岛强度得到缓解，其余区县总体上保持微弱上升。具体上升幅度最大的为静海区，上升1.26℃，下降幅度最大的为河北区，下降1.26℃。

2. 城市热岛面积

通过城市热岛分级的方法，可以得到全市不同温度区域的空间分布，由此统计得到城市热岛的转移和扩展规律，见表4-26。

表4-26 天津市2005年、2010年、2015年不同城市热岛面积占比及变化

（单位：%）

级别	分级	2005年	2010年	2015年	2005～2015年变化
无热岛	<0	49.30	47.53	44.13	-5.16
弱热岛	0～4	43.24	45.72	45.45	2.21
中热岛	4～6	5.61	5.17	7.42	1.81
强热岛	6～8	1.80	1.53	2.80	1.00
极强热岛	>8	0.05	0.05	0.19	0.14

由表4-26可知，2005～2015年，天津市无热岛的面积在减少，而相对弱热岛、中热岛、强热岛和极强热岛的面积则均在增加。其中极强热岛区域增加幅度最小（0.14%），无热岛区域变化幅度最大（减少5.16%）。城市热岛区域沿津滨高速，进一步向滨海新区扩展并连接成片。

具体到各区县（表4-27）可以发现：和平区、河东区、河西区、南开区、河北区、红桥区等传统中心城区的强热岛和极强热岛向较低等级热岛转化，表明中

心城区城市热岛得到缓解。其余区县均为由低级热岛区域向更高等级热岛转化。

表 4-27　天津市各区县 2005 ~ 2015 年不同城市热岛面积占比变化　（单位：%）

地区	无热岛	弱热岛	中热岛	强热岛	极强热岛
和平区	0.34	4.49	5.20	-7.23	-2.80
河东区	0.73	12.48	7.15	-19.90	-0.46
河西区	1.82	20.95	-2.14	-18.70	-1.93
南开区	1.49	10.49	-3.50	-8.08	-0.40
河北区	1.55	16.66	5.87	-19.85	-4.24
红桥区	1.79	16.00	0.22	-16.66	-1.34
东丽区	-9.29	-0.89	4.18	4.17	1.83
西青区	-7.45	-3.79	7.67	3.55	0.02
津南区	-3.24	-5.30	5.68	2.85	0.01
北辰区	0.97	-9.06	4.12	2.98	0.99
武清区	2.87	-0.83	-2.24	0.20	0.00
宝坻区	15.96	-12.38	-3.46	-0.12	0.00
滨海新区	-14.48	5.84	6.19	2.30	0.14
宁河区	-21.30	20.40	0.82	0.08	0.00
静海区	-8.90	6.64	1.34	0.86	0.05
天津市	-5.16	2.21	1.81	1.00	0.14

3. 小结

2005 ~ 2015 年，中心城区城市热岛强度得到缓解，城市热岛区域有所减少；其他区县城市热岛强度缓慢增加，且城市热岛面积也在扩大，因此总体上看，天津市城市热岛区域在小幅度增加。强热岛区域分布范围与建成区的分布基本一致，强热岛区域大多为工厂房（商业区）聚集区（少量为密集的住宅区）或地表裸露地区，这些区域植被和水域覆盖极少。无热岛与弱热岛区域分布在北部（有林地）、中部（大片沼泽地）、东部沿海（盐田）以及南部河流沿线（或水库）以及其他耕地区域。

2015 年中心城区的和平区城市热岛强度较高，为 6.02℃；滨海新区几乎无热岛（0.78℃）。

中心城区（和平区、河东区、河西区、南开区、河北区、红桥区）生态环境有所改善，城市热岛强度和城市热岛面积均呈现减小趋势。

4.3.3　石家庄市

1. 城市热岛强度

经降尺度运算后，得到石家庄市 2005 年、2010 年和 2015 年夏季白天的地表温度（LST）。

监测表明，2005 年夏季，石家庄市全市平均温度为 28.26℃，其中郊区平均温度为 28.17℃，区域最高温度为 37.86℃；2010 年夏季，石家庄市全市平均温度为 28.49℃，其中郊区平均温度为 29.14℃，区域最高温度为 35.87℃；2015 年夏季，石家庄市全市平均温度为 28.03℃，其中郊区平均温度为 27.09℃，区域最高温度为 38.85℃。总的来看，3 个时段，区域最高温度、全市平均温度、郊区平均温度均有轻微波动，变化幅度不大，见表 4-28。

表 4-28　石家庄市 2005 年、2010 年、2015 年地表温度状况　　（单位：℃）

LST	2005 年	2010 年	2015 年
最高值	37.86	35.87	38.85
最低值	18.64	17.49	17.84
全市平均温度	28.26	28.49	28.03
郊区平均温度	28.17	29.14	27.09

2005 ~ 2015 年，各个县（市、区）建成区城市热岛强度见表 4-29。

表 4-29　石家庄市 2005 年、2010 年、2015 年各县（市、区）城市热岛强度及其变化　　　　　　（单位：℃）

地区	城市热岛强度			城市热岛强度变化（2005 ~ 2015 年变化）
	2005 年	2010 年	2015 年	
长安区	6.25	2.68	7.37	1.12
桥西区	6.68	3.38	8.16	1.48
新华区	6.39	2.59	7.10	0.71
井陉矿区	3.98	2.09	5.64	1.66
裕华区	5.78	2.66	7.38	1.60
藁城区	3.73	1.69	6.08	2.35
鹿泉区	4.35	1.59	6.06	1.70
栾城区	3.92	1.54	5.88	1.96
井陉县	3.38	1.85	5.35	1.97
正定县	5.25	2.32	7.01	1.76
行唐县	3.91	1.59	6.07	2.16
灵寿县	3.26	1.08	4.96	1.70
高邑县	4.02	2.01	5.93	1.91
深泽县	2.09	1.52	6.04	3.94
赞皇县	3.38	1.77	5.38	2.01
无极县	2.78	2.09	5.94	3.16
平山县	2.46	0.74	4.82	2.36
元氏县	3.63	1.90	6.25	2.62
赵县	3.47	1.82	6.03	2.56
辛集市	4.06	2.27	6.74	2.68
晋州市	2.86	1.42	6.00	3.14
新乐市	2.82	1.33	6.40	3.58

2005 年，石家庄市传统的中心城区（长安区、桥西区、新华区、裕华区等）

和正定县的城市热岛强度较高，均接近或大于6℃；其余县（市、区）城市热岛强度相对较低，均在5℃以下；城市热岛强度最低的为深泽县（2.09℃）。

2010年，石家庄市各县（市、区）热岛强度得到一定缓解，但整体上看，传统中心城区依然保持较高的城市热岛强度，均在2℃徘徊；城市热岛强度最低的为平山县，几乎无热岛效应（0.74℃）。

2015年，各区县的城市热岛强度相当，均保持较强强度，最高为桥西区（8.16℃）；平山县的城市热岛强度最低，但仍为4.82℃。

总体上看，2005～2015年，石家庄市各县（市、区）城市热岛强度变化处于变强增加趋势，尤其郊区县（市、区）的城市热岛强度大幅度增加，表明石家庄市整体人居环境在恶化，城市化进程在加速发展。

2.城市热岛面积

通过城市热岛分级的方法，可以得到全市不同温度区域的空间分布，由此统计得到城市热岛的转移和扩展规律。

由表4-30可知，2005～2015年，石家庄市无热岛、弱热岛的面积均在减少，而中热岛、强热岛和极强热岛的面积则在增加。其中极强热岛区域增加幅度最小（1.37%），中热岛区域变化幅度最大（增加14.96%）。强热岛区域进一步围绕中心城区向外扩展，各县（市、区）出现分散型小高温热岛。

表4-30　石家庄市2005年、2010年、2015年不同城市热岛面积占比及变化（单位：%）

级别	分级	2005年	2010年	2015年	2005～2015年变化
无热岛	<0	45.14	59.16	36.35	-8.79
弱热岛	0～4	51.62	27.17	37.91	-13.71
中热岛	4～6	2.19	12.70	17.15	14.96
强热岛	6～8	0.91	0.96	7.09	6.17
极强热岛	>8	0.13	0.02	1.50	1.37

具体到各县（市、区）（表 4-31），可以发现：各县（市、区）均从无热岛或弱热岛普遍向中热岛、强热岛、极强热岛转化。中心城区内，无热岛区减少最多的是裕华区（22.56%）；而极强热岛区增加最多的是桥西区（49.72%）。

表 4-31　石家庄市各县（市、区）2005 ~ 2015 年不同城市热岛面积占比变化

（单位：%）

地区	无热岛	弱热岛	中热岛	强热岛	极强热岛
长安区	−14.14	−26.19	2.92	12.03	25.39
桥西区	−6.67	−16.62	−14.46	−11.97	49.72
新华区	−8.83	−25.06	−6.11	11.29	28.71
井陉矿区	−43.32	1.35	27.58	14.29	0.10
裕华区	−22.56	−32.48	−9.98	33.80	31.23
藁城区	18.67	−51.59	19.11	12.62	1.19
鹿泉区	−21.11	−23.69	29.58	13.96	1.26
栾城区	12.86	−50.94	21.68	15.88	0.52
井陉县	−40.16	22.37	15.76	2.02	0.02
正定县	26.03	−58.78	14.10	15.10	3.55
行唐县	17.13	−40.47	19.70	3.60	0.04
灵寿县	−13.42	3.16	9.07	1.18	0.01
高邑县	7.88	−39.25	10.95	19.24	1.19
深泽县	3.84	−32.48	21.97	6.60	0.06
赞皇县	−42.60	16.38	20.11	5.99	0.12
无极县	30.52	−62.27	21.00	10.67	0.07
平山县	−30.95	21.16	8.94	0.84	0.01
元氏县	−8.11	−33.69	30.10	11.21	0.50
赵县	15.19	−29.17	9.81	4.06	0.10
辛集市	3.41	−17.87	10.60	3.07	0.78
晋州市	−17.98	−3.01	14.58	5.89	0.51
新乐市	39.21	−63.49	12.33	10.29	1.66
石家庄市	−8.79	−13.71	14.96	6.17	1.37

3. 小结

2005～2015 年，石家庄市整体城市热岛强度在增加，城市热岛区域面积在增加，同时各县（市、区）城市热岛强度也在增加。高温区域分布范围与建成区的分布基本一致，并在铁路沿线温度很高。强热岛区分布在市区西面的铁路以及其周围的集散中心，正定县以及成为滩涂的滹沱河等区域。各县（市、区）建成区分布有强热岛。无热岛与弱热岛区域分布在西部有林地和东部耕地区域。

2015 年，桥西区的城市热岛强度最高（8.16℃），生态环境亟须改善。平山县城市热岛强度最低，但也高达 4.82℃。

4.4　耕地保护

耕地保护是保障和提高粮食综合生产能力的前提。对耕地保护的评价，一方面是在全区尺度，根据《全国主体功能区规划》以及相关省（直辖市）的主体功能区规划目标进行数量上的评价；另一方面则是在农产品主产区，对区域内耕地的数量和空间分布进行评价。

由于《全国主体功能区规划》以及各省（直辖市）制定主体功能区规划时，对于耕地数量规划目标的制定，依据的是国土部门提供的各县（市、区）汇总上报的台账数据，与本研究所采用的卫星遥感解译数据统计渠道不同，成果完全不具可比性，因此，本研究将不对耕地的具体数量进行对比，而是从时间序列上，对京津冀地区全区和京津冀地区农产品主产区耕地数量变化进行监测评价。

4.4.1　耕地面积动态变化

1. 各省（直辖市）耕地面积

由京津冀地区耕地空间分布及面积统计可知，2015 年，京津冀地区全区耕地总面积为 101 078.10km^2。与 2005 年相比（108 133.30km^2），全区耕地面积减少 7055.20km^2，即减少了 6.5%，具体见表 4-32。

表 4-32　京津冀地区各主体功能区耕地面积统计表　　　　（单位：km^2）

区域	区域面积	耕地面积		
		2005 年	2010 年	2015 年
优化开发区	39 573.5	25 651.78	24 725.23	23 470.42
重点开发区	26 322.6	18 244.26	16 634.20	16 059.12
农产品主产区	44 319.2	31 153.35	30 265.96	29 550.50
重点生态功能区	105 593.3	33 083.91	32 303.59	31 998.06
京津冀地区全区	215 808.6	108 133.30	103 928.98	101 078.10

北京市：2015 年耕地总面积为 3558.9 km^2。与 2005 年相比（4533.4 km^2），全市耕地面积减少 974.5 km^2，即减少了 21.5%。[如果不考虑统计口径的不同，2015 年耕地保有量比《北京市主体功能区规划》设定的 2020 年目标（2147 km^2）高 1411.9 km^2。]

天津市：2015 年耕地总面积为 6604.9 km^2。与 2005 年相比（6819.6 km^2），全市耕地面积减少 214.7 km^2，即减少了 3.1%。[如果不考虑统计口径的不同，2015 年耕地保有量比《天津市主体功能区规划》设定的 2020 年目标（4373 km^2）高 2231.9 km^2。]

河北省：2015 年耕地总面积为 90 914.2 km^2。与 2005 年相比（96 780.3 km^2），全省耕地面积减少 5866.1 km^2，即减少了 6.1%。[如果不考虑统计口径的不同，2015 年耕地保有量比《河北省主体功能区规划》设定的 2020 年目标（63 027 km^2）高 27 887.2 km^2。]

2. 各主体功能区内耕地面积

2005 ~ 2015 年，京津冀地区各主体功能区耕地面积呈逐渐降低趋势。具体如图 4-3 和表 4-33 所示。

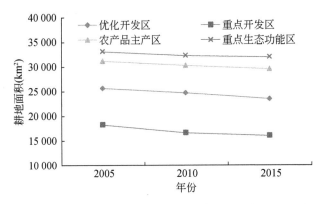

图 4-3 2005～2015年京津冀地区各主体功能区耕地面积变化

表 4-33 京津冀地区各主体功能区耕地面积变化统计表

区域	耕地面积	2005～2010年	2010～2015年	2005～2015年
优化开发区	变化面积（km²）	-926.55	-1254.81	-2181.36
	年变化面积（km²）	-185.31	-250.96	-218.14
	年变化率（%）	-0.72	-1.01	-0.85
重点开发区	变化面积（km²）	-1610.06	-575.08	-2185.14
	年变化面积（km²）	-322.01	-115.02	-218.51
	年变化率（%）	-1.76	-0.69	-1.20
农产品主产区	变化面积（km²）	-887.39	-715.46	-1602.85
	年变化面积（km²）	-177.48	-143.09	-160.29
	年变化率（%）	-0.57	-0.47	-0.51
重点生态功能区	变化面积（km²）	-780.32	-305.53	-1085.85
	年变化面积（km²）	-156.06	-61.11	-108.59
	年变化率（%）	-0.47	-0.19	-0.33
京津冀地区全区	变化面积（km²）	-4204.32	-2850.88	-7055.20
	年变化面积（km²）	-840.86	-570.18	-705.52
	年变化率（%）	-0.78	-0.55	-0.65

　　2005～2015 年京津冀地区耕地呈现减少态势（图 4-4）。2005～2015 年，耕地面积减少量从大到小依次为重点开发区（2185.14 km²）、优化开发区（2181.36 km²）、农产品主产区（1602.85 km²）、重点生态功能区（1085.85 km²）。

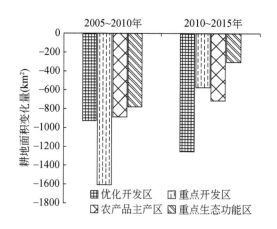

图 4-4　京津冀地区各主体功能区耕地面积变化图

　　优化开发区和重点开发区耕地面积减少量大致相等，而优化开发区、重点开发区、重点生态功能区耕地面积减少量分别是农产品主产区耕地面积减少量的 1.36 倍、1.36 倍、0.68 倍，优化开发区和重点开发区减少耕地面积是耕地流失的主体区域，其流失耕地占全区耕地流失的 62%，农产品主产区内耕地减少面积仅占全部减少面积的 22.7%。这表明：京津冀地区，耕地减少主要发生在优化开发区和重点开发区；相比于前述两类主体功能区，农产品主产区和重点生态功能区内的耕地得到一定程度的保护，与主体功能区规划目标大致吻合。

　　此外，2005～2015 年，优化开发区、重点开发区、农产品主产区、重点生态功能区 4 类主体功能区中，2010～2015 年耕地面积萎缩量分别是 2005～2010 年耕地面积萎缩量的 1.35 倍、0.36 倍、0.81 倍、0.39 倍。这表明：自主体功能区规划实施以来，优化开发区耕地面积呈现加速萎缩态势，其他 3 类主体功能区内耕地则呈现减速萎缩态势；尤其是重点开发区、重点生态功能区内耕地面积萎缩幅度较大，农产品主产区耕地面积萎缩量也有一定幅度的缩减。因此，未来要重点监管优化开发区中耕地的变化，保障优化开发区内耕地转向合理用途，而不是单一地流向城市和工矿建设用地。

针对京津冀地区各省（直辖市）不同主体功能区的耕地面积数据进行分析，具体见表4-34。

表4-34　京津冀地区各省（直辖市）内各主体功能区耕地面积统计表

地区	主体功能区	2005年（km²）	2010年（km²）	2015年（km²）	变化量（km²）	变化率（%）
北京市	优化开发区	2 930.21	2 301.80	2 119.58	−810.63	−27.7
	重点生态功能区	1 603.21	1 503.90	1 439.41	−163.80	−10.2
天津市	优化开发区	4 532.41	4 535.02	4 327.90	−204.51	−4.5
	重点开发区	686.69	744.29	704.29	17.60	2.6
	重点生态功能区	1 600.49	1 645.53	1 572.73	−27.76	−1.7
河北省	优化开发区	18 189.16	17 888.41	17 022.94	−1 166.22	−6.4
	重点开发区	17 557.57	15 889.91	15 354.83	−2 202.74	−12.5
	农产品主产区	31 153.35	30 265.96	29 550.50	−1 602.85	−5.1
	重点生态功能区	29 880.22	29 154.16	28 985.92	−894.30	−3.0

北京市：耕地萎缩主要发生在优化开发区。优化开发区耕地面积减少810.63km²，变化率为27.7%；重点生态功能区耕地面积减少163.8km²，变化率为10.2%。无论是在优化开发区还是在重点生态功能区，耕地的萎缩幅度（变化率）均远远高出京津冀地区其他省（直辖市）。但考虑到北京市的主体功能定位、城市疏解、优化布局等现实需求，可以认为北京市耕地变化基本符合规划定位要求。北京市耕地监管的重点应当是城市空间建设用地的具体用途，即除了必要的居住用地之外，大量的流出耕地应转为区域生态用地、市民休憩用地等类型。

天津市：耕地萎缩主要发生在优化开发区，重点开发区耕地面积还略有增加。其中，优化开发区耕地面积减少204.51km²，变化率为4.5%。重点开发区耕地增加 17.60km², 变化率为 2.6%。考虑到天津市的主体功能定位, 特别是重点开发区建设用地的需求, 可以认为天津市的耕地变化基本符合规划定位要求。天津市耕地监管的重点, 应当是城市空间建设用地的具体用途, 即除了必要的居住用地之外, 大量的流出耕地应转为区域生态用地、市民休憩用地等类型。

河北省: 耕地萎缩 / 占用活动在 4 类主体功能区内均有发生。按耕地面积减少大小依次排序为重点开发、农产品主产区、优化开发区和重点生态功能区, 上述 4 类主体功能区耕地面积减少量占本省耕地减少量的比例分别为 37.6%、27.3%、19.9% 和 15.2%。由此可见, 重点开发区、农产品主产区耕地减少是河北省耕地面积减少的主因。对河北省耕地的保护监管工作, 应主要集中到重点开发区、农产品主产区的土地占用监管上来。

3. 农产品主产区各县（市、区）耕地面积

根据农产品主产区各县（市、区）中耕地的总面积统计可知, 河北省东南部（黄淮海平原）耕地占比较高, 北部承德市（滦河平原）耕地占比较低。

2005 年京津冀地区农产品主产区耕地面积为 31 153.35km²; 2010 年耕地面积为 30 265.96km², 至 2015 年京津冀地区农产品主产区耕地面积为 29 550.50km², 占农产品主产区总面积的 66.7%; 与 2005 年相比（31 153.35 km², 70.3%）区域耕地面积总体呈现下降趋势; 2005 ~ 2015 年, 农产品主产区耕地面积共减少了 1602.85 km², 下降了 5.1%。与全区耕地下降幅度（6.5%）相比, 农产品主产区下降幅度要低 1.4%, 这表明与优化开发区、重点开发区相比, 农产品主产区内耕地得到更大程度的保护。

2005 ~ 2015 年, 耕地面积增加的县（市、区）仅有 5 个地区: 玉田县、观台镇、南皮县、吴桥县、泊头市。增加最多的是玉田县, 耕地面积增加了 21.8 km²。大部分区县耕地面积呈减少趋势。耕地面积减少超过农产品主产区平均水平（5%）的县（市、区）共 11 个, 从大到小依次为行唐县、宁晋县、河间市、威县、蠡县、

南宫市、清河县、晋州市、景县、辛集市、威县。上述县（市、区）中，耕地面积减少总量均超过 50 km^2。

4.4.2 被占用耕地去向

在京津冀地区全区，减少的耕地主要流向建设用地和林地。具体如下：2005 ~ 2015 年，共有 10 620 km^2 耕地变为城乡和工矿建设用地，占全部转出耕地总量的 82.9%。其中，19.1% 的转出耕地被城市空间建设所占用，47.8% 的转出耕地被农村和乡镇建设所占用，15.9% 的转出耕地被工矿交通等其他建设所占用。912 km^2 耕地变为林地，占转出耕地总量的 7.1%；661 km^2 变为草地，占转出耕地总量的 5.2%，具体如图 4-5 和表 4-35 所示。

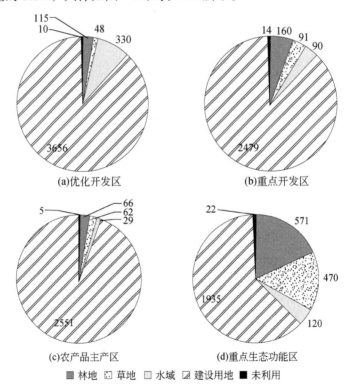

图 4-5 京津冀地区被占用耕地去向（单位：km^2）

表 4-35　京津冀地区被占用耕地去向　（单位：km^2）

区域	林地	草地	水域	建设用地	未利用	总和
优化开发区	115	48	330	3 656	10	4 159
重点开发区	160	91	90	2 479	14	2 834
农产品主产区	66	52	29	2 550	5	2 702
重点生态功能区	571	470	120	1 935	22	3 118
京津冀地区	912	661	569	10 620	51	12 813

这一方面表明一些区域（如重点生态功能区）退耕还林还草工作取得了明显进展，另一方面也表明重点生态功能区内城乡建设规模过大、过快的势头需要引起注意。

在优化开发区，减少的耕地主要流向建设用地（88%）。具体来说，有 3656 km^2 耕地变为建设用地，包括 1184 km^2 城市空间建设用地、1792 km^2 农村及乡镇建设用地、680 km^2 工矿交通等其他建设用地，分别占流失总量的 28.5%、43.1%、16.4%。另外还有一部分耕地转为水域、林地等生态用地，具体包括 330 km^2 耕地变为水域，占流失总量的 7.93%，115 km^2 耕地变为林地，占流失总量的 2.77%。

在重点开发区，减少的耕地主要流向建设用地（87.5%）。具体来说，有 2479 km^2 耕地变为建设用地，包括 738 km^2 城市空间建设用地、1259 km^2 农村及乡镇建设用地、482 km^2 工矿交通等其他建设用地，分别占流失总量的 26.0%、44.4%、17.0%。另外还有一部分耕地转为林地、草地等生态用地，具体包括 160 km^2 耕地变为林地，占流失总量的 5.6%，91 km^2 耕地变为草地，占流失总量的 3.2%。

在农产品主产区，减少的耕地主要流向建设用地（94.4%）。具体来说，有 2550 km^2 耕地变为建设用地，包括 327 km^2 城市空间建设用地、1821 km^2 农村及乡镇建设用地、402 km^2 工矿交通等其他建设用地，分别占流失总量的 12.1 %、

67.4%、14.9%；另外还有一部分耕地转为林地、草地等生态用地，具体包括66 km²耕地变为林地，占流失总量的2.04%，52 km² 耕地变为草地，占流失总量的1.9%。

在重点生态功能区，减少的耕地主要流向建设用地（62.1%）。具体来说，有1935 km²耕地变为建设用地，包括211 km²城市空间建设用地、1255 km²农村及乡镇建设用地、469 km²工矿交通等其他建设用地，分别占流失总量的6.8%、40.3%、15.0%；另外还有一部分耕地转为林地、草地等生态用地，具体包括571 km²耕地变为林地，占流失总量的18.3%，470 km²耕地变为草地，占流失总量的15.1%。这一方面表明重点生态功能区退耕还林还草工作取得了明显进展，另一方面也表明重点生态功能区内城乡建设规模过大、过快的势头需要引起注意。

4.4.3 小结

2015年，京津冀地区全区耕地总面积为101 078.10 km²。与2005年（108 133.30 km²）相比，全区耕地面积净减少7055.20 km²，即减少了6.5%。农产品主产区2015年耕地面积为29 550.50 km²，与2005年相比，减少了1602.85 km²，下降了5.1%。与全区耕地下降幅度相比，农产品主产区下降幅度要低1.4%。这表明在区域发展的大背景下，耕地的萎缩不可避免；但是与优化开发区、重点开发区相比，农产品主产区内耕地依然得到更大程度的保护。

2005～2015年，耕地面积减少量从大到小依次为重点开发区、优化开发区、农产品主产区、重点生态功能区。优化开发区和重点开发区内减少耕地面积是耕地流失的主体区域，其流失耕地占全区耕地流失的62%，农产品主产区内耕地减少面积仅占全部减少面积的22.7%。这表明：京津冀地区耕地减少主要发生在优化开发区和重点开发区；相比于前述两类主体功能区，农产品主产区和重点生态功能区内的耕地得到一定程度的保护，与主体功能区规划目标大致吻合。

2005～2015年，4类主体功能区中，2010～2015年耕地面积萎缩量分别是 2005 ~ 2010 年耕地面积萎缩量的 1.35 倍、0.36 倍、0.81 倍、0.39 倍。这表明：自主体功能区规划实施以来，优化开发区耕地面积呈现加速萎缩态势，其他三类主体功能区内耕地则呈现减速萎缩态势；尤其是重点开发区、重点生态功能区内耕地面积萎缩幅度较大，农产品主产区耕地面积萎缩量也有一定幅度的缩减。

2005 ~ 2015 年，减少的耕地主要流向城乡建设和工矿交通等建设用地，全区共有 10 620 km² 耕地变为城乡和工矿建设用地，占全部转出耕地总量的 82.9%。其中，农产品主产区耕地流向建设用地占比最高，达到 94.4%，优化开发区和重点开发区均在 88% 左右，重点生态功能区最低，为 62.1%。

4.5 生态保护

京津冀地区生态保护的重点是北部燕山山脉和内蒙古高原南缘、西部太行山脉东麓山地，主要生态系统为森林、草地生态系统。上述区域构成了京津冀地区重点生态功能区。重点生态功能区的监测评价对象是生态系统总体质量（植被绿度）、主体生态系统（优良生态系统）两方面要素。

4.5.1 植被绿度

1. 各省（直辖市）植被绿度

从 2005 ~ 2015 年京津冀地区 NDVI 空间分布情况上看，京津冀地区 NDVI 高值区域主要分布在北部和西部的山地、草地生态系统中，尤其是在北部的张家口—承德地区，NDVI 较高，植被生长态势良好。NDVI 较低的区域主要分布在各大城市地区，在唐山市、天津市、沧州市等沿海区域，NDVI 也较低；张家口市西北部植被生长状况较差，NDVI 较低。

从时间变化（表 4-36、表 4-37 和图 4-6）上看，在 2005 ~ 2015 年，京津冀

地区 NDVI 变化不大，植被生长基本稳定。2005 年 NDVI 为 0.71，2015 年有略微降低，为 0.70。2005 ~ 2015 年 NDVI 年变化率为 –0.4%。其中，2005 ~ 2010

表 4-36　2005 ~ 2015 年京津冀地区及各省（直辖市）NDVI 统计表

地区	2005 年	2006 年	2007 年	2008 年	2009 年	2010 年	2011 年	2012 年	2013 年	2014 年	2015 年
北京市	0.71	0.72	0.71	0.73	0.71	0.70	0.72	0.72	0.72	0.68	0.72
天津市	0.64	0.64	0.63	0.64	0.63	0.61	0.63	0.61	0.62	0.58	0.61
河北省	0.72	0.73	0.72	0.73	0.71	0.71	0.73	0.73	0.73	0.69	0.72
京津冀地区全区	0.71	0.72	0.70	0.72	0.70	0.69	0.71	0.71	0.71	0.67	0.70

表 4-37　京津冀地区及各省（直辖市）NDVI 变化统计表

地区	2005 ~ 2010 年		2010 ~ 2015 年		2005 ~ 2015 年	
	均值	年变化率（%）	均值	年变化率（%）	均值	年变化率（%）
北京市	0.71	–0.46	0.71	0.62	0.71	0.75
天津市	0.63	–0.68	0.61	–0.23	0.62	–4.50
河北省	0.72	–0.42	0.72	0.28	0.72	–0.75
京津冀地区全区	0.71	–0.48	0.71	0.40	0.70	–0.40

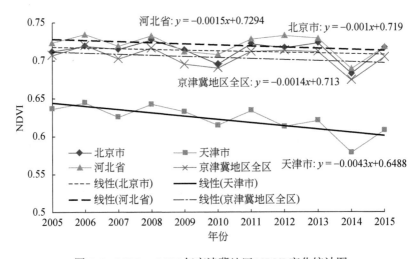

图 4-6　2005 ~ 2015 年京津冀地区 NDVI 变化统计图

年 3 省（直辖市）的 NDVI 均有轻微降低，植被生长质量呈现劣化态势；2010 ～ 2015 年，除天津市外，北京市和河北省均呈现 NDVI 轻微增加、植被生长转好态势。

2. 各主体功能区植被绿度

针对京津冀地区四类主体功能区植被状况展开时序和对比分析，具体结果见表 4-38 和图 4-7。

表 4-38　京津冀地区各主体功能区 NDVI 变化情况统计表

时间	NDVI 平均值			
	优化开发区	重点开发区	农产品主产区	重点生态功能区
2005 年	0.667	0.689	0.774	0.699
2006 年	0.679	0.700	0.778	0.723
2007 年	0.662	0.686	0.768	0.693
2008 年	0.673	0.700	0.786	0.708
2009 年	0.665	0.682	0.769	0.665
2010 年	0.643	0.663	0.753	0.703
2011 年	0.664	0.691	0.782	0.711
2012 年	0.649	0.696	0.785	0.724
2013 年	0.657	0.682	0.768	0.739
2014 年	0.614	0.65	0.746	0.687
2015 年	0.648	0.676	0.774	0.719
2005 ～ 2010 年	0.665	0.687	0.771	0.699
2010 ～ 2015 年	0.646	0.676	0.768	0.714
2005 ～ 2015 年	0.656	0.683	0.771	0.706
NDVI 年变化率（%）	−0.273	−0.182	0.009	0.277

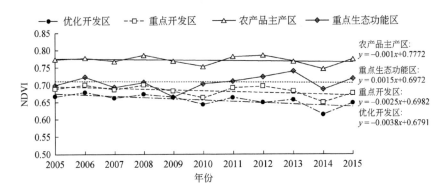

图 4-7　2005 ～ 2015 年京津冀地区各主体功能区 NDVI 变化统计表

NDVI 从高到低依次为农产品主产区、重点生态功能区、重点开发区、优化开发区。其中，由于重点生态功能区内张家口市西北部地区主要为内蒙古高原、干旱草原生态系统和农田生态系统，拉低了京津冀地区重点生态功能区全区的 NDVI，导致京津冀地区重点生态功能区内 NDVI 平均值低于农产品主产区。

2005 ～ 2015 年，优化开发区 NDVI 平均值为 0.656，NDVI 的年平均变化率为 –0.273%，植被生长状况呈现略微劣化态势。2005 ～ 2010 年与 2010 ～ 2015 年对比表明，2005 ～ 2010 年 NDVI 呈现负变化趋势，植被生长状况变差；2010 ～ 2015 年 NDVI 呈现正变化趋势，植被生长状况转好。

2005 ～ 2015 年，重点开发区 NDVI 平均值为 0.683，NDVI 的年平均变化率为 –0.182%，植被生长状况呈现略微劣化态势。2005 ～ 2010 年与 2010 ～ 2015 年对比表明，2005 ～ 2010 年 NDVI 呈现负变化趋势，植被生长状况变差；2010 ～ 2015 年 NDVI 呈现正变化趋势，植被生长状况转好。

2005 ～ 2015 年，农产品主产区 NDVI 平均值为 0.771，NDVI 的年平均变化率仅为 0.009%，植被生长状况基本保持稳定。2005 ～ 2010 年与 2010 ～ 2015 年对比表明，2005 ～ 2015 年 NDVI 呈现负变化趋势，植被生长状况变差；

2010 ～ 2015 年 NDVI 呈现正变化趋势，植被生长状况转好。

2005 ～ 2015 年，重点生态功能区 NDVI 平均值为 0.706，NDVI 的年平均变化率为 0.277%，植被生长状况呈现轻微向好态势。2005 ～ 2010 年与 2010 ～ 2015 年对比表明，2010 ～ 2015 年 NDVI 年平均变化率明显高于 2005 ～ 2010 年，说明植被生长状况得到加速改善。

总结起来：2005 ～ 2015 年，优化开发区、重点开发区内植被生长状况为轻微变差趋势，农产品主产区内植被生态基本稳定，而重点生态功能区植被生长呈现轻微向好态势。重点生态功能区 NDVI 年增长速率最大，这表明京津冀地区植被生态状况在重点生态功能区逐渐变好，符合主体功能区规划目标。同时，虽然优化开发区、重点开发区的植被生长状况呈现逐渐变差趋势，但考虑到这两类区域更多的是注重城镇化开发建设，在扩大建设空间、保持经济快速增长的同时，必然会对生态环境产生一定的影响，因此四类主体功能区植被绿度变化态势基本反映了国家主体功能区规划定位要求，与主体功能区规划实施预期目标基本吻合。

3. 重点生态功能区各县（市、区）植被绿度

由京津冀地区重点生态功能区 2005 ～ 2015 年逐年及多年平均 NDVI 来看，2005 ～ 2015 年，京津冀地区重点生态功能区 NDVI 变化微弱，生长态势总体稳定，略呈现轻微向好态势。全区多年 NDVI 为 0.71，标准偏差为 0.02（表 4-39）。2005 ～ 2015 年，NDVI 下降区域占全区总面积的 35%，有 24 个县（市、区）NDVI 下降面积占比高于 50%。

NDVI 下降区域主要是在燕山南麓、太行山东麓地区，特别是在天津市宁河区、石家庄市灵寿县、唐山市迁西县、天津市蓟州区、北京市顺义区等县（市、区），生态系统 NDVI 下降较为明显，植被生长呈现恶化态势。

NDVI 上升区域主要是在燕山地区，特别是张家口市崇礼区、万全区、尚义县、

阳原县，同时在太行山脉地区，涿鹿县、涉县等县（市、区），也出现了 NDVI 明显上升、植被生长状况改善的趋势。

表 4-39　京津冀地区重点生态功能区 NDVI 统计表

指标	2005 年	2006 年	2007 年	2008 年	2009 年	2010 年	2011 年	2012 年	2013 年	2014 年	2015 年	均值	标准偏差
NDVI	0.70	0.72	0.69	0.71	0.67	0.70	0.71	0.72	0.74	0.69	0.72	0.71	0.02

4.5.2　优良生态系统

1. 各省（直辖市）优良生态系统

从 2005 ~ 2015 年京津冀地区优良生态系统面积占比空间分布上看，京津冀地区优良生态系统用地主要分布在燕山以北、太行山以西的山脉及高原地区；在燕山山脉以南、太行山脉以东的平原地区，优良生态系统用地分布明显减少；在环渤海滨海等区域也分布有部分优良生态系统。

从优良生态系统面积占比上看，三省（直辖市）优良生态系统面积占比从大到小依次是北京市（44.6%）、河北省（36.4%）、天津市（13.1%），其中北京市优良生态系统面积为天津市的 5 倍左右，河北省优良生态系统面积为天津市的 4.5 倍左右。

从时间变化上看：在 2005 ~ 2015 年，京津冀地区全区优良生态系统面积呈现减少态势，从 78 836 km^2 减少到 77 104 km^2，共减少 1732 km^2，年平均减少 0.22%。分阶段来看，2010 ~ 2015 年，优良生态系统年减少速率相比 2005 ~ 2010 年有明显的缩小。这表明优良生态系统面积自 2010 年之后持续减少态势有所遏制，区域生态保护工作有一定成效。具体结果见表 4-40、表 4-41 和图 4-8。

表 4-40　京津冀地区及各省（直辖市）优良生态系统面积和占比统计

区域	优良生态系统面积（km²）			优良生态系统面积占比（%）		
	2005 年	2010 年	2015 年	2005 年	2010 年	2015 年
北京市	7 659	7 331	7 316	46.68	44.68	44.60
天津市	1 928	1 492	1 521	16.57	12.83	13.07
河北省	69 249	68 469	68 267	36.94	36.53	36.42
京津冀地区全区	78 836	77 292	77 104	36.58	35.87	35.78

表 4-41　京津冀地区及各省（直辖市）优良生态系统面积变化

区域	优良生态系统	2005 ~ 2010 年	2010 ~ 2015 年	2005 ~ 2015 年
北京市	变化面积（km²）	−328	−15	−343
	年变化面积（km²）	−66	−3	−34
	变化率（%）	−4.28	−0.20	−4.48
	年变化率（%）	−0.86	−0.04	−0.45
天津市	变化面积（km²）	−436	29	−407
	年变化面积（km²）	−87	6	−41
	变化率（%）	−22.61	1.94	−21.11
	年变化率（%）	−4.52	0.39	−2.11
河北省	变化面积（km²）	−780	−202	−982
	年变化面积（km²）	−156	−40	−98
	变化率（%）	−1.13	−0.30	−1.42
	年变化率（%）	−0.23	−0.06	−0.14
京津冀地区全区	变化面积（km²）	−1544	−188	−1732
	年变化面积（km²）	−309	−38	−173
	变化率（%）	−1.96	−0.24	−2.20
	年变化率（%）	−0.39	−0.05	−0.22

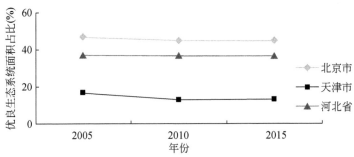

图 4-8　京津冀地区及各省（直辖市）优良生态系统变化统计图

北京市优良生态系统面积从 7659 km² 减少到 7316 km²，面积减少了 343 km²，减少了 4.48%；优良生态系统面积占比从 46.68% 减少到 44.60%。2005 ～ 2010 年优良生态系统面积减少量为 2010 ～ 2015 年的 22 倍左右，这表明自主体功能区规划实施以来优良生态系统生态保护工作逐步加强，优良生态系统面积减少速率得到有效遏制、减少面积逐渐缩小。

天津市优良生态系统面积从 1928 km² 减少到 1521 km²，面积减少了 407 km²，减少了 21.11%；优良生态系统面积占比从 16.57% 减少到 13.07%。但是，天津市优良生态系统 2005 ～ 2010 年为减少态势，2010 ～ 2015 年则为轻微增加态势。这表明自主体功能区规划实施以来优良生态系统生态保护工作逐步加强，优良生态系统面积减少态势得到逆转。

河北省优良生态系统面积从 69 249 km² 减少到 68 267 km²，面积减少了 982 km²，减少了 1.42%；优良生态系统面积占比从 36.94% 减少到 36.42%。2005 ～ 2010 年优良生态系统面积减少量为 2010 ～ 2015 年的 4 倍左右。这表明自主体功能区规划实施以来优良生态系统生态保护工作逐步加强，优良生态系统面积减少速率得到有效遏制、减少面积逐渐缩小。

2. 各主体功能区优良生态系统

进一步，针对京津冀地区四类主体功能区优良生态系统展开时序和对比分析，具体结果见表 4-42 和表 4-43。

表 4-42　京津冀地区各主体功能区优良生态系统面积统计表 （单位：km^2）

主体功能区	地区	优良生态系统面积		
		2005 年	2010 年	2015 年
优化开发区	北京市	342	218	216
	天津市	523	420	435
	河北省	2 322	2 632	2 635
	京津冀地区全区	3 187	3 270	3 286
重点开发区	北京市	0	0	0
	天津市	776	508	513
	河北省	2 916	2 803	2 776
	京津冀地区全区	3 692	3 311	3 289
农产品主产品	北京市	0	0	0
	天津市	0	0	0
	河北省	7 436	7 424	7 415
	京津冀地区全区	7 436	7 424	7 415
重点生态功能区	北京市	7 317	7 113	7 100
	天津市	629	564	573
	河北省	56 575	55 610	55 441
	京津冀地区全区	64 521	63 287	63 114

表 4-43　京津冀各主体功能区优良生态系统变化统计表

主体功能区	优良生态系统	2005 ~ 2010 年	2010 ~ 2015 年	2005 ~ 2015 年
优化开发区	变化面积（km^2）	83	16	99
	年变化面积（km^2）	16.6	3.2	9.9
	年变化率（%）	0.52	0.10	0.31

续表

主体功能区	优良生态系统	2005～2010年	2010～2015年	2005～2015年
重点开发区	变化面积（km²）	−381	−22	−403
	年变化面积（km²）	−76.2	−4.4	−40.3
	年变化率（%）	−2.06	−0.13	−1.09
农产品主产品	变化面积（km²）	−12	−9	−21
	年变化面积（km²）	−2.4	−1.8	−2.1
	年变化率（%）	−0.03	−0.02	−0.03
重点生态功能区	变化面积（km²）	−1234	−173	−1407
	年变化面积（km²）	−246.8	−34.6	−140.7
	年变化率（%）	−0.38	−0.05	−0.22

2005～2015年，优化开发区内优良生态系统面积增加了99km²，增长率为3.1%。2005～2010年和2010～2015年均呈现增加趋势，2005～2010年的增加量约为2010～2015年的5倍。这表明，京津冀地区优化开发区内生态系统保护工作取得了明显成效，优良生态系统呈现持续增加态势。

2005～2015年，重点开发区内优良生态系统面积减少了403km²，减少率为10.9%。2005～2015年的减少量约为2010～2015年的17倍。这表明，京津冀地区重点开发区生态保护工作取得了一定成效，优良生态系统面积持续减少态势得到遏制。

2005～2015年，农产品主产区内优良生态系统面积减少了21km²，减少率为0.28%。2005～2010年和2010～2015年的减少量均较小，且2005～2010年的减少量约为2010～2015年的1.3倍。这表明，京津冀地区农产品主产区耕地保护工作取得了一定成效。

2005～2015年，重点生态功能区内优良生态系统面积减少了1407km²，减少率为2.2%。2005～2010年的减少量约为2010～2015年的7倍。这表明，京津冀地区重点生态功能区生态保护工作取得一定成效，优良生态系统面积持续减少态势得到遏制。

总体上，京津冀地区 4 类主体功能区除优化开发区内优良生态系统呈现增加态势外，其他 3 类主体功能区内优良生态系统面积均呈现减少态势。其中，重点生态功能区共减少 1407km²，占京津冀地区全区优良生态系统总减少面积（1732km²）的 81.2%。因此，京津冀地区优良生态系统面积减少主要发生在重点生态功能区，对重点生态功能区内优良生态系统的保护，将是京津冀地区生态保护的重点。2005～2010 年与 2010～2015 年对比分析表明，自 2010 年以来，优良生态系统面积减少量正在逐步缩减，减少速率得到遏制。这表明，京津冀地区生态保护工作日益加强，这与国家主体功能区规划目标要求相一致。

3. 重点生态功能区各县（市、区）优良生态系统

由京津冀地区重点生态功能区内优良生态系统类型空间分布来看，优良生态系统覆被类型主要分布在北部的燕山山脉、太行山山脉以及燕山以北的内蒙古高原南缘地区。承德市优良生态系统面积最多，达到 23 297 km²；天津市最少，仅为 647.15 km²。

2005～2015 年京津冀地区重点生态功能区内优良生态系统面积呈现逐渐降低趋势，优良生态系统面积由 2005 年的 64 521 km²，下降至 2010 年的 63 287 km²，又至 2015 年的 63 114 km²。2005～2015 年，优良生态系统减少了 1407 km²，减少幅度为 2.2%。

共有 14 个县（市、区）优良生态系统面积增加，42 个县（市、区）优良生态系统面积降低。其中优良生态系统面积减少最多的 5 个县（市、区）依次为尚义县、青龙县、怀安县、崇礼区、阜平县，这些县（市、区）减少的优良生态系统面积至少在 60 km² 以上。

对优良生态系统侵占土地的追踪统计表明：优良生态系统用地主要被城乡建

设、工矿建设和农业开发等人类活动所侵占。

在京津冀地区重点生态功能区内，2005～2015年，城乡和工矿建设用地占用了286 km²的森林和530 km²的中、高覆盖度草地，农业开发占用了831 km²的中、高覆盖度草地。此外，由于气候变化、农业灌溉等原因，共有500 km²的水体和湿地出现干涸沙化或被用于农业开发和城乡建设。

4.5.3　小结

NDVI高值区域主要分布在北部和西部的山地、草地生态系统中，尤其是在北部的张家口—承德地区，NDVI较高，植被生长态势良好。

2005～2015年，京津冀地区NDVI变化不大，植被生长基本稳定；但天津市2005～2015年NDVI下降趋势较其他两个省（直辖市）要更显著，未来应引起注意。优化开发区、重点开发区内植被生长状况为轻微变差趋势，农产品主产区内植被生态基本稳定，而重点生态功能区植被生长呈现轻微向好态势。这与主体功能区规划实施预期目标基本吻合。

重点生态功能区内NDVI变化不大，生长态势总体稳定，略呈现轻微向好态势。2005～2015年，NDVI下降区域占全区总面积的35%，有24个县（市、区）NDVI下降面积占比高于50%。NDVI上升区域主要是在燕山地区，下降区域主要是在燕山南麓、太行山东麓地区。

京津冀地区优良生态系统用地主要分布在燕山以北、太行山以西的山脉及高原地区；在燕山山脉以南、太行山脉以东的平原地区，优良生态系统用地分布明显减少；在环渤海滨海等区域也分布有部分优良生态系统。

2005～2015年，京津冀地区优良生态系统面积呈现减少态势。重点生态功能区内优良生态系统面积共减少1407km²，占京津冀地区优良生态系统总减少面积（1732km²）的81.2%。因此，京津冀地区优良生态系统面积减少主要发生在重点生态功能区，对重点生态功能区内优良生态系统的保护，将是京津冀地区生态保护的重点。2005 ～ 2010 年与 2010 ～ 2015 年对比分析表明，自 2010 年以来，优良生态系统面积减少量正在逐步缩减，减少速率得到遏制。这表明，京津冀地区生态保护工作日益加强，这与国家主体功能区规划目标要求相一致。

对优良生态系统侵占土地的追踪统计表明：优良生态系统用地主要被城乡建设、工矿建设和农业开发等人类活动所侵占。

第5章 规划辅助决策

规划辅助决策，是在区域规划实施评价基础上，根据区域主体功能区规划目标，针对发展现状和发展趋势，分别从行政区维度和网格维度，提出的具有时空针对性的、促进主体功能区规划有效落实、良好运行的空间化方案，并提供给国家有关部门参考使用。规划辅助决策，主要是从3个方面（即区域调控、区域开发、改善人居）予以区县遴选、网格遴选，并给出相应的政策建议和具体举措意见。

5.1 严格调控区县遴选

严格调控区县遴选，是指在县（市、区）等行政区维度上，选择国土开发强度过高、国土开发布局凌乱、人口聚集规模过大的区域；在这些行政区，需要严格控制新增国土开发活动，妥善优化建设布局，适当疏解密集人口。

5.1.1 遴选流程

选择国土开发强度、人口密度、国土开发聚集度3项指标及其空间化产品；根据国家和各省（自治区、直辖市）主体功能区规划或其他规划，或参考国内外类似案例，确定各指标阈值；在单因子遴选基础上，形成多因子复合叠加成果，形成严格调控区域。

在国土开发强度方面：2020年北京市国土开发强度目标为23.26%，考虑到2015年北京市国土开发强度接近目标值，设定北京市严格调控区县国土开发强度的阈值为 25%。2020 年天津市国土开发强度目标为 33.8%，考虑到 2015 年天津市国土开发强度尚未超标，设定天津市严格调控区县国土开发强度的阈值为 35%。2020 年河北省国土开发强度目标为 11.17%，考虑到 2015 年河北省国土开发强度实际已稍微超标，设定河北省严格调控区县国土开发强度的阈值为 15%。

在人口密度方面：2020 年北京市人口红线为 2300 万人，人口密度应控制在 1402 人/km²，设定北京市人口密度的阈值为 1400 人/km²；2020 年天津市人口红线为 1350 万人，人口密度应控制在 1130 人/km²，设定天津市人口密度的阈值为 1100 人/km²。鉴于《河北省主体功能区规划》没有给出河北省 2020 年人口规划目标，综合考虑河北省人口密度及其与北京市、天津市的梯度差异，暂时设定河北省人口密度阈值与天津市相同，为 1100 人/km²。

在国土开发聚集度方面：国土开发聚集度阈值设定不考虑不同省域特点，各省（自治区、直辖市）采用同一个指标。经反复测试比较，本研究将县（市、区）国土开发聚集度阈值设为 0.6。国土开发聚集度小于 0.6，则表明国土开发偏于零散、开发布局偏于凌乱（表 5-1）。

表 5-1　严格调控区县遴选参数阈值

地区	国土开发强度（%）		人口密度（人/km²）		国土开发聚集度	
	阈值	规划参考值	阈值	规划参考值	阈值	规划参考值
北京市	25	23.26	1400	1402	0.6	—
天津市	35	33.8	1100	1130	0.6	—
河北省	15	11.17	1100	—	0.6	—

5.1.2　遴选结果

在京津冀地区县（市、区）尺度上开展严格调控区县遴选，最多有 7 种调控组合，但在不同区域，组合方式和数量有所差异。具体遴选结果有以下几种。

1. 北京市

北京市全部 16 个区县，均属于重点调控区。全市共 4 种调控类型，具体如下。

1）降低强度 + 疏解人口。传统城六区（东城区、西城区、海淀区、朝阳区、丰台区、石景山区），需要严控国土开发活动、疏解中心地区人口。

2）降低强度。昌平区、通州区与大兴区，需严控国土开发活动。但这些区域具有一定人口聚集空间，其城乡建设布局也尚属合理，因此可以安置部分疏解人口，并应用现有基础设施承接产业转移，但不应承接产业园区建设任务。

3）降低强度 + 优化布局。顺义区需严控国土开发活动且优化城乡建设布局；该地区可应用现有基础设施承接产业转移，但不应承接产业园区建设任务。

4）优化布局。北部和西部各区县（密云县、怀柔区、延庆县、门头沟区、房山区、平谷区）具有一定的新增国土开发空间、人口聚集空间，但城乡建设布局较为分散，因此可以承接部分疏散人口并集中开展相关承接产业的园区建设。

2. 天津市

天津市中，除了宝坻区、武清区两个区之外，其余 14 个区县均属于重点调控区。全市共两种调控类型，具体如下。

1）降低强度 + 疏解人口。中心老城区（河东区、河西区、南开区、和平区、红桥区、河北区、北辰区、东丽区、津南区与西青区）以及滨海新区，需严控国土开发活动、疏解中心地区人口；但滨海新区的人口密度稍高于人口密度阈值，滨海新区可应用现有基础设施承接产业转移，但不应承接产业园区建设任务。

2）优化布局。宁河区、静海区与蓟州区具有一定的新增国土开发空间、人口聚集空间，但城乡建设布局较为分散，因此可以承接部分疏散人口并集中开展相关承接产业的园区建设。

3. 河北省

河北省大部分县（市、区）属于优化布局区，在东部地区则多属于降低国土开发强度、优化布局区。具体如下。

1）降低强度 + 疏解人口。石家庄市、保定市、唐山市、秦皇岛市、邢台市、邯郸市、衡水市、廊坊市等地区的市辖区，需要严控国土开发活动、适当疏解人口。

2）降低强度 + 优化布局。河北省太行山以东的黄淮海平原、滦河平原地区，主要是要严控国土开发强度，优化布局。这些地区国土开发强度高主要是由于离散建设用地居多，但该区域基本没有大型的集中建设用地，需要对这些离散建设用地进行统一或集聚，提高土地利用效率。

3）优化布局。河北省太行山以西、燕山以北大部分地区，主要是要优化城乡建设布局。这些地区具有一定的新增国土开发空间，且建设用地主要以离散的建设用地为主，基本没有大型的集中建设用地，需要对这些离散建设用地进行统一或集聚，提高土地利用效率。

需要指出的是，《河北省主体功能区规划》并未给出具体各区域的国土开发强度控制目标、人口聚集目标等，因此目前的辅助决策阈值在设置上具有相当的人为指定性质。在本研究研发的辅助决策系统下，可以根据地方要求，进一步明确目标，从而在 GIS 工具辅助下，完成区域遴选工作。

5.2　严格调控网格遴选

严格调控网格遴选，是指在网格维度上，选择国土开发强度过高、国土开发布局凌乱、人口聚集程度过高的网格（省尺度为公里网格、直辖市为 500m 网格）；在这些网格上，需要严格控制新增国土开发活动，妥善优化建设布局，适当疏解密集人口。

5.2.1　遴选流程

选择国土开发强度、人口密度、国土开发聚集度 3 项指标及其空间化产品；根据国家和各省（自治区、直辖市）主体功能区规划或其他规划，或参考国内外类似案例，确定各指标阈值；在单因子遴选基础上，形成多因子复合叠加成果，形成严格调控网格。

在国土开发强度方面：主要参考 5.1.1 节根据各省（直辖市）主体功能区规划所确定的相关指标阈值。但是要注意：在网格尺度确定各指标阈值时，需要考虑从行政区尺度向公里网格、5km 网格、10km 网格转化时的降尺度效应。一般来说，网格上的阈值要比区县级阈值数据稍大一些。经反复测试，三省（直辖市）国土开发强度指标的阈值见表 5-2。

表 5-2　严格调控网格遴选参数阈值

地区	国土开发强度（%）		人口密度（人 / km²）		国土开发聚集度	
	网格尺度阈值	政区尺度参考值	网格尺度阈值	政区尺度参考值	网格尺度阈值	政区尺度参考值
北京市	25	25	6000	1400	0.6	0.6
天津市	35	35	5000	1100	0.6	0.6
河北省	20	15	5000	1100	0.6	0.6

在人口密度方面，同样是参考 5.1.1 节根据各省（直辖市）主体功能区规划所确定的相关指标阈值，并且同样要考虑阈值确定时的降尺度效应。经反复测试，三省（直辖市）国土开发强度指标的阈值见表 5-2。

在国土开发聚集度方面，国土开发聚集度阈值设定不考虑不同省域特点，各省（自治区、直辖市）采用同一个指标。经反复测试比较，本研究将网格尺度国土开发聚集度阈值设为 0.6。国土开发聚集度小于 0.6，则表明国土开发偏于零散、开发布局偏于凌乱。

5.2.2　遴选结果

1. 北京市

北京市严格调控网格面积约为 14 351 km²，包括全部 7 种调控类型，主要有 4 种。具体见表 5-3。

表 5-3　北京市各区县严格调控网格面积统计

区划代码	地区	严格调控类型	网格面积（km²）	网格面积占本区总面积比例（%）
110101	东城区	降低强度 + 疏解人口	42	100.00
110102	西城区	降低强度 + 疏解人口	51	100.00
110105	朝阳区	降低强度 + 优化布局，疏解人口	3	0.65
		降低强度 + 疏解人口	223	47.97
		降低强度	191	40.98
		疏解人口	0	0.02
		优化布局	0	0.02
		降低强度 + 优化布局	45	9.61
110106	丰台区	降低强度 + 优化布局 + 疏解人口	5	1.63
		降低强度 + 疏解人口	149	48.56
		降低强度	88	28.66
		疏解人口	1	0.33
		优化布局	19	6.10
		降低强度 + 优化布局	12	3.75

区划代码	地区	严格调控类型	网格面积（km²）	网格面积占本区总面积比例（%）
110107	石景山区	降低强度＋疏解人口	55	66.39
		降低强度	4	5.16
		疏解人口	6	7.68
		优化布局	12	13.93
		优化布局＋疏解人口	1	1.20
110108	海淀区	降低强度＋疏解人口	183	42.71
		降低强度	72	16.89
		疏解人口	13	2.94
		优化布局	77	17.87
		降低强度＋优化布局	8	1.75
		优化布局＋疏解人口	5	1.17
110109	门头沟区	降低强度＋疏解人口	13	0.88
		降低强度	24	1.65
		疏解人口	3	0.21
		优化布局	1 358	94.67
		降低强度＋优化布局	8	0.55
		优化布局＋疏解人口	4	0.28
110111	房山区	降低强度＋优化布局＋疏解人口	2	0.10
		降低强度＋疏解人口	33	1.68
		降低强度	203	10.29
		疏解人口	9	0.46
		优化布局	1 374	69.76
		降低强度＋优化布局	52	2.64
		优化布局＋疏解人口	7	0.36

区划代码	地区	严格调控类型	网格面积（km²）	网格面积占本区总面积比例（%）
110112	通州区	降低强度＋优化布局＋疏解人口	1	0.11
		降低强度＋疏解人口	34	3.81
		降低强度	249	27.62
		疏解人口	3	0.32
		优化布局	232	25.81
		降低强度＋优化布局	33	3.69
		优化布局＋疏解人口	2	0.22
110113	顺义区	降低强度＋疏解人口	44	4.34
		降低强度	250	24.71
		疏解人口	5	0.48
		优化布局	284	28.03
		降低强度＋优化布局	58	5.68
110114	昌平区	降低强度＋优化布局＋疏解人口	1	0.07
		降低强度＋疏解人口	62	4.60
		降低强度	299	22.31
		疏解人口	6	0.46
		优化布局	766	57.25
		降低强度＋优化布局	32	2.36
		优化布局＋疏解人口	3	0.22
110115	大兴区	降低强度＋疏解人口	1	0.13
		降低强度	294	28.89
		优化布局	453	44.58
		降低强度＋优化布局	67	6.55

区划代码	地区	严格调控类型	网格面积（km²）	网格面积占本区总面积比例（%）
110116	怀柔区	降低强度＋疏解人口	6	0.28
		降低强度	65	3.08
		疏解人口	5	0.24
		优化布局	1 956	92.38
		降低强度＋优化布局	5	0.22
		优化布局＋疏解人口	2	0.09
110117	平谷区	降低强度＋疏解人口	11	1.19
		降低强度	46	4.98
		疏解人口	4	0.43
		优化布局	717	77.28
		降低强度＋优化布局	70	0.74
		优化布局＋疏解人口	3	0.32
110228	密云县	降低强度＋疏解人口	1	0.05
		降低强度	60	2.74
		疏解人口	4	0.18
		优化布局	2 007	91.90
		降低强度＋优化布局	9	0.41
		优化布局＋疏解人口	3	0.14
110229	延庆县	降低强度＋疏解人口	5	0.25
		降低强度	29	1.45
		疏解人口	2	0.10
		优化布局	1 792	90.65
		降低强度＋优化布局	12	0.61
		优化布局＋疏解人口	3	0.15
北京市		—	14 351	87.92

1）降低强度 + 疏解人口。面积为 913 km²，占全市面积的 5.6%；主要分布在北京市传统城六区。

2）降低强度。面积约为 1874 km²，占全市面积的 11.5%；主要零星分布在北京市传统城六区及其周围区域。

3）降低强度 + 优化布局。面积为 411 km²，占全市面积的 2.5%；中心城区中主要零星分布在北京市丰台区、朝阳区、海淀区。

4）优化布局。面积最大，为 11 047 km²，占全市面积的 67.7%；主要分布在北京市的郊区（平谷区、密云县、怀柔区、延庆县、昌平区、门头沟区、房山区等地区），这些地区的建设用地主要呈零星分布，有待进一步优化提高土地利用效率，且这些区域尚有一定的国土开发空间和人口疏解余地。

2. 天津市

天津市严格调控网格面积约为 9722 km²，包括全部 7 种调控类型，以下列举4 种，具体见表 5-4。

1）降低强度 + 优化布局 + 疏解人口。面积为 154 km²，占全市面积的 1.3%；主要分布于天津市滨海新区东南部滨海地区。

2）降低强度 + 优化布局。面积为 379 km²，占全市面积的 3.3%；主要分布在天津市传统城六区以及滨海新区的东北部和中东部。在滨海新区东部的滨海港口地区，国土开发强度过大，人口也较为集中，因此需要严控新的大量开发与人口聚集。

3）优化布局。面积最大，为 7497 km²，占全市面积的 64.4%；主要分布于天津市北部的蓟州区、宁河区、宝坻区、武清区、静海区和津南区，这些地区的建设用地主要呈零星分布，有待进一步优化提高土地利用效率，且这些区域尚有一定的国土开发空间和人口疏解余地。

4）降低强度。面积约为 754 km²，占全市总面积的 6.5%；主要零星分布在天津市传统城六区及其他区县中心区域。

表 5-4　天津市各区县严格调控网格面积统计

区划代码	地区	严格调控类型	网格面积（km²）	网格面积占本区总面积比例（%）
120101	和平区	降低强度 + 疏解人口	10	100.00
120102	河东区	降低强度 + 疏解人口	39	100.00
		降低强度	0	0.00
120103	河西区	降低强度 + 疏解人口	38	100.00
120104	南开区	降低强度 + 优化布局 + 疏解人口	2	5.13
		降低强度 + 疏解人口	37	94.87
		降低强度	0	0.00
		降低强度 + 优化布局	0	0.00
120105	河北区	降低强度 + 疏解人口	29	100.00
120106	红桥区	降低强度 + 疏解人口	21	95.45
		降低强度	1	4.55
120110	东丽区	降低强度 + 优化布局 + 疏解人口	6	1.26
		降低强度 + 疏解人口	62	13.03
		降低强度	92	19.33
		疏解人口	14	2.94
		优化布局	200	42.02
		降低强度 + 优化布局	33	6.93
		优化布局 + 疏解人口	4	0.84
120111	西青区	降低强度 + 优化布局 + 疏解人口	8	1.41
		降低强度 + 疏解人口	51	9.01
		降低强度	109	19.26
		疏解人口	2	0.35
		优化布局	290	51.24
		降低强度 + 优化布局	30	5.30

区划代码	地区	严格调控类型	网格面积（km²）	网格面积占本区 总面积比例（%）
120112	津南区	降低强度 + 疏解人口	39	10.10
		降低强度	58	15.03
		疏解人口	5	1.30
		优化布局	137	35.49
		降低强度 + 优化布局	24	6.22
		优化布局 + 疏解人口	2	0.52
120113	北辰区	降低强度 + 优化布局 + 疏解人口	1	0.21
		降低强度 + 疏解人口	62	13.05
		降低强度	52	10.95
		疏解人口	5	1.05
		优化布局	233	49.05
		降低强度 + 优化布局	16	3.37
		优化布局 + 疏解人口	4	0.84
120114	武清区	降低强度 + 优化布局 + 疏解人口	1	0.06
		降低强度 + 疏解人口	37	2.36
		降低强度	65	4.14
		疏解人口	7	0.45
		优化布局	1057	67.37
		降低强度 + 优化布局	13	0.83
		优化布局 + 疏解人口	6	0.38
120115	宝坻区	降低强度	59	3.91
		优化布局	1109	73.54
		降低强度 + 优化布局	23	1.53

区划代码	地区	严格调控类型	网格面积（km²）	网格面积占本区总面积比例（%）
120116	滨海新区	降低强度 + 优化布局 + 疏解人口	136	6.43
		降低强度 + 疏解人口	339	16.02
		降低强度	184	8.70
		疏解人口	17	0.80
		优化布局	1008	47.64
		降低强度 + 优化布局	160	7.56
		优化布局 + 疏解人口	106	5.01
120221	宁河区	降低强度 + 优化布局 + 疏解人口	0	0.00
		降低强度 + 疏解人口	1	0.08
		降低强度	18	1.38
		疏解人口	1	0.08
		优化布局	1194	91.85
		降低强度 + 优化布局	25	1.92
120223	静海区	降低强度	56	3.80
		优化布局	1236	83.91
		降低强度 + 优化布局	28	1.90
120225	蓟州区	降低强度	60	3.78
		优化布局	1033	65.05
		降低强度 + 优化布局	27	1.70
天津市		—	9722	83.56

3. 河北省

河北省严格调控网格面积约为 174 065 km²，包括全部 7 种调控类型，具体见表 5-5。以下列举 4 种。

表 5-5 河北省各城市严格调控网格面积统计

区划代码	地区	严格调控类型	网格面积（km²）	网格面积占本区总面积比例（%）
1301	石家庄市	降低强度 + 优化布局 + 疏解人口	16	0.11
		降低强度 + 疏解人口	224	1.59
		降低强度	913	6.49
		疏解人口	24	0.17
		优化布局	10 827	77.01
		降低强度 + 优化布局	878	6.24
		优化布局 + 疏解人口	22	0.16
1302	唐山市	降低强度 + 优化布局 + 疏解人口	14	0.10
		降低强度 + 疏解人口	175	1.28
		降低强度	1 923	14.12
		疏解人口	19	0.14
		优化布局	8 305	60.97
		降低强度 + 优化布局	1 151	8.45
		优化布局 + 疏解人口	11	0.08
1303	秦皇岛市	降低强度 + 优化布局 + 疏解人口	2	0.03
		降低强度 + 疏解人口	82	1.06
		降低强度	343	4.42
		疏解人口	7	0.09
		优化布局	6 518	84.06
		降低强度 + 优化布局	271	3.49
		优化布局 + 疏解人口	3	0.04
1304	邯郸市	降低强度 + 优化布局 + 疏解人口	2	0.02
		降低强度 + 疏解人口	103	0.85
		降低强度	681	5.64
		疏解人口	22	0.18

续表

区划代码	地区	严格调控类型	网格面积（km²）	网格面积占本区总面积比例（%）
1304	邯郸市	优化布局	8 884	73.60
		降低强度+优化布局	725	6.01
		优化布局+疏解人口	17	0.14
1305	邢台市	降低强度+优化布局+疏解人口	5	0.04
		降低强度+疏解人口	89	0.72
		降低强度	541	4.35
		疏解人口	13	0.10
		优化布局	9 801	78.77
		降低强度+优化布局	895	7.19
		优化布局+疏解人口	19	0.15
1306	保定市	降低强度+优化布局+疏解人口	4	0.02
		降低强度+疏解人口	143	0.64
		降低强度	1 342	6.05
		疏解人口	30	0.14
		优化布局	17 004	76.64
		降低强度+优化布局	1 286	5.80
		优化布局+疏解人口	16	0.07
1307	张家口市	降低强度+优化布局+疏解人口	11	0.03
		降低强度+疏解人口	62	0.17
		降低强度	212	0.58
		疏解人口	5	0.01
		优化布局	35 791	97.31
		降低强度+优化布局	517	1.41
		优化布局+疏解人口	14	0.04

区划代码	地区	严格调控类型	网格面积（km²）	网格面积占本区总面积比例（%）
1308	承德市	降低强度 + 优化布局 + 疏解人口	17	0.04
		降低强度 + 疏解人口	16	0.04
		降低强度	65	0.16
		疏解人口	3	0.01
		优化布局	39 070	98.89
		降低强度 + 优化布局	276	0.70
		优化布局 + 疏解人口	39	0.10
1309	沧州市	降低强度 + 优化布局 + 疏解人口	6	0.04
		降低强度 + 疏解人口	101	0.72
		降低强度	552	3.92
		疏解人口	19	0.14
		优化布局	10 648	75.67
		降低强度 + 优化布局	728	5.17
		优化布局 + 疏解人口	11	0.08
1310	廊坊市	降低强度 + 优化布局 + 疏解人口	8	0.12
		降低强度 + 疏解人口	100	1.55
		降低强度	657	10.20
		疏解人口	11	0.17
		优化布局	3 994	62.03
		降低强度 + 优化布局	454	7.05
		优化布局 + 疏解人口	10	0.16
1311	衡水市	降低强度 + 优化布局 + 疏解人口	6	0.07
		降低强度 + 疏解人口	52	0.59
		降低强度	419	4.75
		疏解人口	7	0.08
		优化布局	6 342	71.84
		降低强度 + 优化布局	468	5.30
		优化布局 + 疏解人口	24	0.27
河北省		—	174 065	92.7

1）降低强度＋优化布局＋疏解人口。面积为 91 km^2，仅占全区域面积的 0.05%；主要分布在石家庄市、唐山市等中心城市核心区。

2）降低强度＋优化布局。面积为 7649 km^2，占全区域面积的 4.1%；主要分布在各地级市的市辖区区域。

3）优化布局。面积最大，为 157 184 km^2，占全区域面积的 83.7%；主要分布在河北省地级市的其他县（市、区）内，这些地区的建设用地主要呈零星分布，有待进一步优化提高土地利用效率，且这些区域尚有一定的国土开发空间和人口疏解余地。

4）降低强度。面积约为 7648 km^2，占全区域 总面积的 4.1%；主要分布在唐山市（尤其曹妃甸区域）以及零星分布在河北省南部县（市、区）的中心区域。

4. 京津冀地区

京津冀地区总体的严格调控网格统计表见表 5-6。

表 5-6　京津冀地区严格调控网格统计表

地区	辅助决策结果	网格数	网格占比 (%)
北京市	降低强度	1 874	11.48
	降低强度＋疏解人口	913	5.59
	降低强度＋优化布局	411	2.52
	降低强度＋优化布局＋疏解人口	12	0.07
	较优区域	1 972	12.08
	疏解人口	61	0.37
	优化布局	11 047	67.68
	优化布局＋疏解人口	33	0.20
天津市	降低强度	754	6.48
	降低强度＋疏解人口	765	6.58

续表

地区	辅助决策结果	网格数	网格占比 (%)
天津市	降低强度 + 优化布局	379	3.26
	降低强度 + 优化布局 + 疏解人口	154	1.32
	较优区域	1 912	16.43
	疏解人口	51	0.44
	优化布局	7 497	64.44
	优化布局 + 疏解人口	122	1.05
河北省	降低强度	7 648	4.07
	降低强度 + 疏解人口	1 147	0.61
	降低强度 + 优化布局	7 649	4.07
	降低强度 + 优化布局 + 疏解人口	91	0.05
	较优区域	13 698	7.30
	疏解人口	160	0.09
	优化布局	157 184	83.71
	优化布局 + 疏解人口	186	0.10

5.3　推荐开发区县遴选

推荐开发区县遴选，是指在县（市、区）等行政区维度上，选择既不属于农产品主产区，也不属于重点生态功能区、禁止开发区的区域，同时国土开发强度尚未超过主体功能区规划 2020 年规划目标的县（市、区）；这些县（市、区），可以作为未来较大规模国土开发的潜在区域，开展满足规划要求的国土开发活动。

5.3.1　遴选流程

应用国家主体功能区规划成果、各省（自治区、直辖市）主体功能区规划成果，首先，选择既不属于农产品主产区，也不属于重点生态功能区的区域；其次，选择 LULC 产品，并计算各县（市、区）国土开发强度；再次，根据主体功能区规划目标要求，挑选出国土开发强度低于规划目标要求的县（市、区）；最后，根据目标国土开发强度和现实国土开发强度的差值以及距离规划目标年的时长，计算得到各县（市、区）允许的国土开发增长速率。

在阈值确定方面，国土开发强度指标由各省（自治区、直辖市）主体功能区规划确定。其中，北京市 2020 年国土开发强度规划目标为 23.26%，天津市 2020 年国土开发强度规划目标为 33.8%，河北省 2020 年国土开发强度规划目标为 11.17%。

需要强调指出的是，本研究是基于县（市、区）尺度开展区域遴选，但目前所有主体功能区规划均是省级尺度的约束目标。在实际的经济社会运行中，两种尺度上的目标约束一定存在梯度差异。因此本研究成果目前仅能作为参考。在获得各省（自治区、直辖市）发展和改革委员会、国土等部门提供的各城市、各县（市、区）相应的国土开发强度目标后，将可以得到更加可靠的决策参考方案。

5.3.2 遴选结果

1. 北京市

北京市境内国土包括优化开发区、重点生态功能区两种主体功能区类型，而优化开发区内 2015 年的国土开发强度大于其 2020 年的规划值（23.26%）。因此，北京市推荐开发区县遴选结果为空。

2. 天津市

天津市境内国土包括优化开发区、重点开发区和重点生态功能区 3 种主体功能区类型。

辅助决策模型遴选结果显示（表 5-7），天津市推荐开发区县分别为武清区、宝坻区和静海区。

表 5-7　天津市推荐开发区县遴选结果

地区	面积（km²）	2015 年国土开发强度（%）	允许的国土开发增长速率（%）	允许的年新增建设用地面积（km²）
宝坻区	1507.7	16.9	14.87	37.9
武清区	1569.0	18.6	12.69	37.0
静海区	1472.8	14.5	18.44	39.4

未来 5 年里，各区县的国土开发增速、增量约束如下。

1）宝坻区，最高国土开发增长速率为 14.87%，最大年新增建设用地面积为 37.9 km²。

2）武清区，最高国土开发增长速率为 12.69%，最大年新增建设用地面积为 37.0 km²。

3）静海区，最高国土开发增长速率为 18.44%，最大年新增建设用地面积为 39.4 km²。

3. 河北省

在县域尺度上，河北省包括全部 4 种主体功能区类型。

辅助决策模型遴选结果显示（表 5-8），张家口市的下花园区、沧州市的海兴县、黄骅市 3 个县（市、区），可以作为河北省推荐开发县（市、区）。

表 5-8　河北省推荐开发区县遴选结果

地区	面积（km²）	2015 年国土开发强度（%）	允许的国土开发增长速率（%）	允许的年新增建设用地面积（km²）
下花园区	316.9	7.6	8.01	1.9
海兴县	878.6	7.2	9.18	5.8
黄骅市	2159.4	9.6	3.08	6.4

未来 5 年里，各县（市、区）的国土开发增速、增量约束分别如下。

1）下花园区，最高国土开发增长速率为 8.01%，最大年新增建设用地面积为 1.9 km^2。

2）海兴县，最高国土开发增长速率为 9.18%，最大年新增建设用地面积为 5.8 km^2。

3）黄骅市，最高国土开发增长速率为 3.08%，最大年新增建设用地面积为 6.4 km^2。

5.4 推荐开发网格遴选

推荐开发网格遴选，是指在网格维度上，选择生态保护、农田保护需求均不大强烈且当前国土开发强度较低的网格。这些网格可以作为未来新增国土开发用地的选址区域。

5.4.1 遴选流程

1）应用禁止开发区分布图，剔除全部禁止开发区网格；

2）在此基础上，选择 1km 栅格 LULC 产品，计算 1km 网格内优良生态系统面积占比、耕地面积占比、国土开发强度三项指标；

3）在重点生态功能区内，选择优良生态系统面积占比小于 10%、国土开发强度小于 10% 的网格；

4）在农产品主产区内，选择耕地面积占比小于 10%、国土开发强度小于 10% 的网格；

5）在重点开发区和优化开发区内，选择国土开发强度小于 10% 的网格；

6）将以上网格进行空间叠加汇总，得到本行政区内推荐开发网格。

需要注意的是，考虑到国土开发发展空间，在开展推荐开发网格遴选时，应当选择比输入数据尺度更大的尺度进行结果展示。本研究中,直辖市为 5km 网格,省为 10km 网格。

上述遴选过程中,所涉及的优良生态面积占比阈值(10%)、耕地面积占比阈值(10%),均由反复试验对比得到,遴选结果与实际情况最为吻合;国土开发强度阈值(10%),则是考虑到研究区中河北省 2020 年规划值为 11.17% 的缘故。

5.4.2　遴选结果

1. 北京市

北京市推荐开发网格极其少,在分辨率 5km 网格上,只有三个栅格单元,为 75 km^2;零星分布于延庆县、海淀区和石景山区三个地区。与区县尺度遴选结论(即全市不存在推荐开发区县)相比,结果吻合。

三个网格(延庆县,海淀区,石景山区)上允许的国土开发增长速率和最大年新增建设用地面积分别为 19.9%、0.139 km^2,64.0%、0.213 km^2,26.0%、0.159 km^2。

2. 天津市

天津市推荐开发网格面积为 1850 km^2,占全市面积的 15.9%。推荐开发网格主要分布于宝坻区、静海区以及滨海新区的南部。在武清区、宁河区、北辰区、西青区等地区,也有极少量网格分布。

基于网格的遴选成果与区县尺度上的遴选结果(武清区、宝坻区和静海区),结果基本一致,且空间针对性更强。其中,区县尺度遴选表明滨海新区并非推荐开发地区,这主要是滨海新区北部地区国土开发强度过高,拉升了全区整体国土开发强度的缘故。

从允许的国土开发增长速率上看,其允许的国土开发增长速率主要在

20%～60% 区域较多，最大年新增建设用地面积在 0.238～0.338 km^2。具体见表 5-9。

表 5-9　天津市各区县推荐开发网格面积统计

地区	推荐开发网格面积（km^2）	网格面积占本区总面积比例（%）
东丽区	25	5.2
西青区	100	17.6
北辰区	25	5.3
武清区	225	14.3
宝坻区	375	24.9
滨海新区	550	26.9
静海区	550	37.3
总计	1850	15.9

3. 河北省

河北省推荐开发网格面积为 9600 km^2，占全市面积的 5.11%。

推荐开发网格主要分布于河北省北部的张家口市、承德市以及东部沿海的秦皇岛市、唐山市、沧州市；在石家庄市、衡水市、廊坊市等地区，也有极少量零星网格分布。

在张家口市的下花园区、沧州市的海兴县、黄骅市 3 个县（市、区）则有较为密集分布。这与基于县域单元的遴选成果完全一致。

在承德市隆化县、张家口市西北部的尚义县等地区也存在一些推荐开发密集区，但是在县域单元遴选中这些区域所在县（市、区）却没有被遴选上。这是因为这些县（市、区）在主体功能区规划中被划定为重点生态功能区，县域单元遴选辅助决策中不可能被选中。但是，全县（市、区）被规划确定为限制开发区域，并不意味着完全不能开发。在合适的地点，在不影响农田保护、生态保护，不超越区县国土开发规划控制目标的前提下，县（市、区）内完全有合适的网格可用于本区域经济和社会发展需求。

由上述结果可以总结得到：基于网格遴选的成果与基于县域单元的遴选成果一致，且空间针对性更强，对县（市、区）的辅助决策能力更好。

从允许的国土开发增长速率上看，其允许的国土开发增长速率主要在低于20%区域较多，最大年新增建设用地面积在 0.026 ~ 0.223 km^2。具体见表 5-10。

表 5-10　河北省各地市推荐开发网格面积统计

地区	推荐开发网格面积（km^2）	网格面积占本区总面积比例（%）
石家庄市	300	2.1
廊坊市	200	3.1
张家口市	2900	7.9
承德市	1600	4.05
唐山市	1100	8.1
沧州市	2400	17.1
衡水市	400	4.5
秦皇岛市	700	9.03
总计	9600	5.11

5.5　人居环境改善网格遴选

人居环境改善网格遴选的目的是综合考虑城市内部公共绿被覆盖水平、服务能力以及城市热环境等因子，提出未来城市管理中需要重点规划和完善建设的网格。在这些网格上，需要通过增加绿植空间、优化绿植布局、改善建筑物热物理性能等举措，提高城市为居民生活和休憩服务的能力和水平。

5.5.1 遴选流程

选择应用城市绿被覆盖产品、地表温度产品，分别计算得到公里网格上的城市绿被率、城市绿化均匀度、地表温度均一化分级指数等参数。在综合考虑城市既有水平基础上，遴选出城市绿被率偏低、公共绿地分布不合理以及地表温度较高的网格。

在对各个城市的城市绿被率、城市绿化均匀度以及地表温度归一化分级指数设置阈值时，需要具体考虑不同城市当前经济社会发展水平、城市管理能力以及城市建设优化的可能性。因此，对于不同城市的人居环境改善网格进行遴选时，需要设置不同的阈值，具体见表5-11。

表 5-11　各指标数据判别阈值

城市	城市绿被率		城市绿化均匀度		地表温度归一化分级指数	
	阈值	参考值（2015年均值）	阈值	参考值（2015年均值）	阈值	参考值（2015年均值）
北京	<0.30	0.47	<0.50	0.62	>0.60	0.57
天津	<0.25	0.46	<0.50	0.63	>0.60	0.62
石家庄	<0.35	0.47	<0.57	0.64	>0.60	0.55

5.5.2 遴选结果

1. 北京市

北京市人居环境亟待改善面积为717.73 km²，占主城区面积的51.4%。主要分布于四环内。具体见表5-12。

1）增加绿地 + 提高绿地分布均匀性：为282.04 km²，其面积占比为20.2%，在朝阳区、海淀区、丰台区等地区有大面积分布。

表 5-12 北京市人居环境改善网格面积占比统计　　　（单位：%）

地区	优良区	增加绿地	改善地表和建筑物热性能	提高绿地分布均匀性	增加绿地 + 提高绿地分布均匀性	增加绿地 + 改善地表和建筑物热性能	提高绿地分布均匀性 + 改善地表和建筑物热性能	增加绿地 + 提高绿地分布均匀性 + 改善地表和建筑物热性能
东城区	13.7	0	4.8	0	46.2	0	0	35.3
西城区	3.7	0	1.4	0	56.5	0	0	38.4
朝阳区	50.4	1.1	13.6	0.5	22.7	0	0	11.8
丰台区	40.3	0	18.0	0	20.1	0	0.8	20.9
海淀区	56.5	0.76	9.1	0.76	24.5	0	0	7.6
石景山区	42.2	0	22.1	0	11.6	1.64	0	22.5
顺义区	61.2	0.1	26.8	0	2.6	0	0	9.3
总计	48.6	0.5	15.7	0.3	20.2	0.1	0.3	14.3

2）改善地表和建筑物热性能：为 219.55 km^2，面积占比为 15.7%，几乎各区县都有分布，特别是显著分布于朝阳区西南部（京通快速路沿线一带，以及机场区域），丰台区西四环沿线一带，海淀区京铁家园，石景山区首钢旧址，顺义区机场及其周围附近。

3）增加绿地 + 提高绿地分布均匀性 + 改善地表和建筑物热性能：为 199.82 km^2，其面积占比为 14.3%，各区县零星分布，主要分布在朝阳区、丰台区。

4）增加绿地：为 7.14 km^2，其面积占比为 0.5%，网格较少，主要分布在朝阳区、海淀区。

5）提高绿地分布均匀性：为 4.18 km^2，其面积占比为 0.3%，网格极少，只分布在朝阳区、海淀区。

6）提高绿地分布均匀性 + 改善地表和建筑物热性能：为 4 km^2，其面积占比为 0.3%，网格极少，只分布在丰台区。

7）增加绿地 + 改善地表和建筑物热性能：为 1 km^2，其面积占比为 0.1%，网格极少，只分布在石景山区。

2. 天津市

天津市人居环境亟待改善面积为 290.17 km²，占全市主城区的 44.4%。待改善网格主要分布于中心城区、沿河和铁路沿线周边，各区县都有分布。具体见表 5-13。

表 5-13　天津市人居环境改善网格面积占比统计　　　　（单位：%）

地区	优良区	增加绿地	提高绿地分布均匀性	改善地表和建筑物热性能	增加绿地+提高绿地分布均匀性	增加绿地+改善地表和建筑物热性能	提高绿地分布均匀性+改善地表和建筑物热性能	增加绿地+提高绿地分布均匀性+改善地表和建筑物热性能
和平区	21.9	0	0	41.4	19.5	0	0	10.4
河东区	52.3	0	0	33.0	5.4	0.1	0	9.2
河西区	41.0	0	0	53.4	2.7	0	0	2.9
南开区	36.2	0	0	42.2	6.3	0.8	0	11.9
河北区	62.6	0	0	31.1	1.4	0	0	5.0
红桥区	52.5	0	0	42.2	0	0	0	0.6
东丽区	62.0	0	0	26.1	0	0.7	0	3.5
西青区	63.3	0	0	34.8	0.8	0	0	0.6
津南区	66.3	0	0	16.3	11.9	0	0	5.6
北辰区	43.3	0	0	34.5	12.4	0	0	8.9
总计	55.7	0.1	0.1	32.5	6.2	0.5	0.3	4.7

1）改善地表和建筑物热性能：为 212.93 km²，其面积占比为 32.5%，各区县都有分布，明显可看出并不集中于海河沿线的旅游热点区，这可能是因为海河的影响，水体使得周围区域温度降低。主要分布在河西区、东丽区、西青区、北辰区，这些区域大多为建筑密集或钢铁工矿厂聚集、物流集散地。

2）增加绿地+提高绿地分布均匀性+改善地表和建筑物热性能：为 30.7 km²，其面积占比为 4.7%，各区县都有分布，主要分布在北辰区、津南区、东丽区以及南开区、河东区等的交界处（海河沿线的中心旅游区）。

3）增加绿地+提高绿地分布均匀性：为 40.61 km²，其面积占比为 6.2%，主要分布在北辰区、东丽区、津南区。

4）增加绿地+改善地表和建筑物热性能：为 3 km²，其面积占比为 0.5%，斑块极少，只零星分布在和平区、河东区、南开区、东丽区。

5）提高绿地分布均匀性+改善地表和建筑物热性能：为 1.88 km²，其面积占比为 0.3%，网格极少，只分布在北辰区、南开区。

6）提高绿地分布均匀性：为 0.54 km²，其面积占比为 0.1%，网格极少，只分布在西青区。

7）增加绿地：为 0.51 km²，其面积占比为 0.1%，网格极少，只分布在西青区、东丽区。

3. 石家庄市

石家庄市人居环境亟待改善面积为 257.59 km²，占主城区面积的 44.7%。待改善网格主要分布于铁路沿线及其周边，各县（市、区）都有分布。具体见表 5-14。

表 5-14　石家庄市人居环境改善网格面积占比统计　　（单位：%）

地区	优良区	增加绿地	提高绿地分布均匀性	改善地表和建筑物热性能	增加绿地+提高绿地分布均匀性	增加绿地+改善地表和建筑物热性能	提高绿地分布均匀性+改善地表和建筑物热性能	增加绿地+提高绿地分布均匀性+改善地表和建筑物热性能
长安区	51.6	1.8	1.7	7.3	30.3	0	0	7.5
桥东区	51.9	0	0	21.7	19.0	0	0.2	7.3
桥西区	39.9	0	0	37.1	7.3	0	1.8	12.1
新华区	58.7	0	0	24.3	9.6	0	0.2	7.3
裕华区	55.5	0	0	9.1	23.2	0	2.9	6.1
藁城区	72.7	0	0	17.0	7.6	0	0	0.9
鹿泉区	59.3	0	1.7	22.4	6.8	0	0.1	9.3
栾城区	57.1	0	0.9	13.5	20.9	0	0	7.4
正定县	33.6	0.9	1.6	17.0	20.1	3.8	0	23.0
总计	55.4	0.6	1.3	18.2	15.5	0.3	0.7	8.1

1）改善地表和建筑物热性能：为 105.19 km²，其面积占比为 18.2%，可以看出基本以石家庄市火车站为中心，各县（市、区）零星分布，主要分布在桥西区、新华区、栾城区、鹿泉区。例如，新华区火车北站周围，桥西区铁路集散中心，桥西区西三环沿线一带，藁城区火车站周围，正定县南部的工业园区，鹿泉区区中心西南部某工厂区。

2）增加绿地 + 提高绿地分布均匀性：为 89.62 km²，其面积占比为 15.5%，主要分布在长安区、裕华区和栾城区。

3）增加绿地 + 提高绿地分布均匀性 + 改善地表和建筑物热性能：为 46.45 km²，其面积占比为 8.1%，主要分布在正定县。

4）提高绿地分布均匀性：为 7.34 km²，其面积占比为 1.3%，斑块极少，各城区零星分布，主要分布在裕华区。

5）提高绿地分布均匀性 + 改善地表和建筑物热性能：为 4.08 km²，其面积占比为 0.7%，斑块极少，主要分布在裕华区。

6）增加绿地：为 3.3 km²，其面积占比为 0.6%，斑块极少，主要分布在长安区、桥西区。

7）增加绿地 + 改善地表和建筑物热性能：为 1.61 km²，其面积占比为 0.3%，斑块极少，只分布在正定县。

第6章 总 结

根据京津冀地区主体功能区规划目标及规划实施评价指标体系设计，从国土开发、城市环境、耕地保护、生态保护 4 个方面，利用 10 个指标参数进行规划实施评价与辅助决策分析。重点从 4 类主体功能区现状、变化态势上展开对比分析，主要结论如下。

1. 国土开发

2005 ~ 2015 年，北京市国土开发面积增加了 662 km²，国土开发强度增加了 5.26%。天津市国土开发面积增加了 315 km²，国土开发强度增加了 6.28%。河北省国土开发面积增加了 4974 km²，国土开发强度增加了 3.49%。

京津冀地区国土开发重心始终聚焦在优化开发区和重点开发区，重点生态功能区城乡建设用地面积增长率较高，新增城乡建设用地面积也超过了农产品主产区的新增城乡建设用地面积，重点生态功能区国土开发活动过强，与国家主体功能区规划目标严重不吻合，应予适当控制。

国土开发聚集度在京广铁路沿线、京津唐地区、环渤海滨海地区较高，形成非常明显的都市连绵区。北京市与天津市的国土开发聚集度一直较高，城乡建设偏向于依托现有城区，以蔓延式、集中连片式开发为主要特征；从 2005 ~ 2015 年的变化趋势来看，两个城市的国土开发聚集度均呈下降趋势，新开发国土形态逐渐转向断续式、蛙跳式。在全区国土开发活动总体下降、国土开发布局呈现离散化态势的大背景下，优化开发区国土开发布局没有呈现加速离散化态势，但其他三个主体功能区的国土建设布局则呈现加速离散化态势。

2005 ~ 2010 年，京津冀地区大部分地市国土开发活动以传统中心城区开发为重点，而 2010 ~ 2015 年国土开发活动普遍转向远郊区县。

2. 城市环境

城市绿被率高低与地区经济社会发展水平、城市治理能力有着明显关系。2005 ~ 2015 年，京津冀地区城市绿被率总体呈现上升态势。其中，京津冀地区中部、东部（即北京—廊坊—天津一线区县、环渤海区县）城市绿被率增加态势明显。城市绿化均匀度呈现增加趋势。

2005 ~ 2015 年，北京市城市热岛强度有轻微减缓，但城市热岛区域有所增加。天津市中心城区城市热岛强度得到缓解，城市热岛区域有所减少；其他区县城市热岛强度缓慢增加，且城市热岛面积也在扩大，总体上看，天津市城市热岛区域在小幅度增加。石家庄市整体城市热岛强度在增加，城市热岛区域面积在增加，各区县城市热岛强度也在增加。

3. 耕地保护

2015 年，京津冀地区全区耕地总面积为 101 078.10 km^2。与 2005 年（108 133.30 km^2）相比，全区耕地面积净减少 7055.20 km^2，即减少了 6.5%。农产品主产区 2015 年耕地面积为 29 550.50 km^2，与 2005 年相比，减少了 1602.85 km^2，下降了 5.1%。与全区耕地下降幅度相比，农产品主产区下降幅度要低 1.4%。自主体功能区规划实施以来，优化开发区耕地面积呈现加速萎缩态势，其他三类主体功能区内耕地则呈现减速萎缩态势；尤其是重点开发区、重点生态功能区耕地面积萎缩幅度较大，农产品主产区耕地面积萎缩量也有一定幅度的缩减。在区域发展的大背景下，耕地的萎缩不可避免；但是与优化开发区、重点开发区相比，农产品主产区内耕地依然得到更大程度的保护。

4. 生态保护

2005 ～ 2015 年，京津冀地区 NDVI 变化不大，植被生长基本稳定；但天津市 2005 ～ 2015 年 NDVI 下降趋势较其他两个省（直辖市）要更显著，未来应引起注意。优化开发区、重点开发区内植被生长状况为轻微变差趋势，农产品主产区内植被生态基本稳定，而重点生态功能区植被生长呈现轻微向好态势。这与主体功能区规划实施预期目标基本吻合。京津冀地区优良生态系统面积呈现减少态势。重点生态功能区内优良生态系统面积共减少 1407km^2，占京津冀地区优良生态系统总减少面积（1732km^2）的 81.2%，优良生态系统面积减少主要发生在重点生态功能区。因此，对重点生态功能区中优良生态系统的保护，将是京津冀地区生态保护的重点。2005 ～ 2010 年与 2010 ～ 2015 年对比分析表明，自 2010 年以来，优良生态系统面积减少量正在逐步缩减，减少速率得到遏制。这表明，京津冀地区生态保护工作日益加强，这与国家主体功能区规划目标要求相一致。

5. 辅助决策

北京市全部 16 个区县，均属于重点调控区。天津市中，除了宝坻区、武清区两个区之外，其余 14 个区县均属于重点调控区。河北省大部分县（市、区）属于优化布局区，在东部地区则多属于降低国土开发强度、优化布局区。北京市严格调控网格面积约为 14 351 km^2，占全市面积的 87.9%。天津市严格调控网格面积约为 9722 km^2，占全市面积的 83.6%。河北省严格调控网格面积约为 174 065 km^2，占全省面积的 92.7%。

北京市没有推荐开发区县。天津市推荐开发区县为武清区、宝坻区和静海区。张家口市的下花园区、沧州市的海兴县、黄骅市 3 个县（市、区），可以作为河北省推荐开发县（市、区）。北京市推荐开发网格极其少，为 75 km^2，零星分布于延庆县、海淀区和石景山区 3 个区县。天津市推荐开发网格面积为 1850 km^2，占全市面积的 15.9%。主要分布于宝坻区、静海区以及滨海新区的南部,在武清区、宁河区、北辰区、西青区等地区,也有极少量网格分布。河北省推荐开发网格面积为 9600 km^2,占全市面积的 5.11%。主要分布于河北省北部的张家口市、承德市以及东部沿海的秦皇岛市、唐山市、沧州市;在石家庄市、衡水市、廊坊市等地区,也有极少量零星网格分布。

北京市人居环境亟待改善面积为 717.73 km^2,占主城区面积的 51.4%;主要分布于四环内。天津市人居环境亟待改善面积为 290.17 km^2,占全市主城区的 44.4%;分别分布于中心城区、沿河和铁路沿线周边,各区县都有分布。石家庄市人居环境亟待改善面积为 257.59 km^2,占主城区面积的 44.7%;分布于铁路沿线及其周边,各县(市、区)都有分布。

参 考 文 献

[1] 鲁继通. 京津冀国家级经开区地位作用评估. 地理科学，2018, 38(01): 78-36.

[2] 杨连云. 主体功能区划分与京津冀区域产业布局. 天津行政学院学报，2008,10 (06):48-53.

[3] 周国富，孙锐. 京津冀各地市发展协调度及其制约因素分析: 基于主体功能区规划. 经济统计学 (季刊), 2014, (01):108-122.

[4] 柳天恩，曹洋. 区域发展战略与主体功能区建设的互动研究——以京津冀为例. 新疆财经，2017, (05):45-50.

[5] 樊杰. 中国主体功能区划方案. 地理学报，2015,10(02):186-201.

[6] 刘纪远，刘文超，匡文慧，等. 基于主体功能区规划的中国城乡建设用地扩张时空特征遥感分析. 地理学报，2016, 71(03):355-369.

[7] 夏威，钟南，张雨泽，等. 高分卫星遥感技术在交通基础设施安全应急监测领域的应用. 卫星应用，2017, (11):41-45.

[8] 徐华. 高分卫星影像的目标物识别技术. 北京: 中国地质大学 (北京) 硕士学位论文，2017.

[9] 薛庆，吴蔚，李名松，等. 高分一号数据在矿山遥感监测中的应用. 国土资源遥感，2017, (S1):67-72.

[10] 孙刚，杨再华，万毕乐，等. "高分二号"上相机和星敏感器相对安装姿态的测量. 光学精密工程，2017, 25(11):2931-2938.

[11] 范剑超，王德毅，赵建华，等. 高分三号 SAR 影像在国家海域使用动态监测中的应用. 雷达学报，2017, 6(05):456-472.

[12] 张庆君，刘杰，李延，等. 高分三号卫星总体设计验证. 航天器工程，2017, 26(05):1-7.

[13] 范斌，陈旭，李碧岑，等. "高分五号"卫星光学遥感载荷的技术创新. 红外与激光工程，2017, 46(01):16-22.

[14] 郑利娟. 基于高分一 / 六号卫星影像特征的农作物分类研究. 北京：中国科学院大学（中国科学院遥感与数字地球研究所）博士学位论文, 2017.

[15] 谭雪晶, 姜广辉, 付晶, 等. 主体功能区规划框架下国土开发强度分析——以北京市为例. 中国土地科学, 2011, 25(01):70-77.

[16] 高祥伟, 费鲜芸, 张志国, 等. 基于卷积运算的城市公园绿地聚集度评价. 生态学报, 2014, 34(15):4446-4453.

[17] 于苏建, 袁书琪. 基于网格的城市公园绿地空间格局研究——以福州市主城区为例. 福建师范大学学报（自然科学版）, 2011, 27(06):88-94.

[18] 黄珺嫦, 汪松, 王熠辉. 供需驱动视角下河南省土地利用空间均衡度评价研究. 资源开发与市场, 2018, 34(01):35-40.

[19] 钱乐祥, 王倩. RS 与 GIS 支持的城市绿被动态对城市环境可持续发展影响的探讨. 地域研究与开发, 1995, (04):14-16, 34.

[20] 杨存建, 赵梓健, 任小兰, 等. 基于遥感和 GIS 的川西绿被时空变化研究. 生态学报, 2012, 32(02):632-640.

[21] 董世永, 张晖. 多度、丰富度、均匀度还是优势度？——城市土地多样性测度研究 // 中国城市规划学会, 沈阳市人民政府. 规划 60 年：成就与挑战——2016 年中国城市规划年会论文集（06 城市设计与详细规划）. 沈阳：2016 年中国城市规划年会, 2016.

[22] 叶彩华, 刘勇洪, 刘伟东, 等. 城市地表热环境遥感监测指标研究及应用. 气象科技, 2011, 39(01):95-101.

[23] 郑倩云. 基于 MODIS 数据的胶东半岛地表温度时间变化特征分析. 江苏科技信息, 2017, (26):77-78.

[24] 贺丽琴, 杨鹏, 景欣, 等. 基于 MODIS 影像及不透水面积的珠江三角洲热岛效应时空分析. 国土资源遥感, 2017, 29(04):140-146.

[25] Wang Q, Tenhunen J D. Vegetation mapping with multitemporal NDVI in North Eastern China Transect (NECT). International Journal of Applied Earth Observations and Geoinformation, 2004, 6(1):17-31.

[26] 熊子潇.基于高分一号遥感影像的土地覆盖信息提取技术研究.南昌：东华理工大学硕士学位论文, 2016.

[27] 张增祥,汪潇,温庆可,等.土地资源遥感应用研究进展.遥感学报，2016,20(05):1243-1258.

[28] 楼一涛.基于ENVI影像监督分类提取杭州市绿化覆盖.浙江国土资源, 2017, (01):44-45.

[29] 金杰,朱海岩,李子潇,等.ENVI遥感图像处理中几种监督分类方法的比较.水利科技与经济，2014,20 (01):146-148, 160.

[30] 贾建峰.ENVI遥感图像监督分类方法比较.西部资源，2014, (06):133-136.

[31] 王胜男,汪西原.基于ENVI的高分辨率遥感图像土地利用分类方法研究.数字技术与应用, 2016, (10):105-106.

[32] 闫琰,董秀兰,李燕.基于ENVI的遥感图像监督分类方法比较研究.北京测绘，2011, (03):14-16.

[33] 曹洪弟,洪友堂,张伟,等.基于ENVI的遥感图像决策树分类.北京测绘, 2017, (02):67-71.

[34] Williamson S, Hik D, Gamon J, et al. Estimating temperature fields from MODIS land surface temperature and air temperature observations in a sub-Arctic Alpine environment. Remote Sensing, 2014, 6(2):946.

[35] 王殿中,何红艳.“高分四号”卫星观测能力与应用前景分析.航天返回与遥感，2017, 38(01):98-106.

[36] Yue W, Xu J, Tan W, et al. The relationship between land surface temperature and NDVI with remote sensing: application to Shanghai Landsat 7 ETM+ data. International Journal of Remote Sensing, 2007, 28(15):3205-3226.

[37] 郝志敏.基于主体功能区的环首都绿色经济圈生态补偿机制研究.北京：北京理工大学硕士学位论文, 2015.

[38] 王亚强,孙艳玲.天津市中心城区公园绿地可达性与服务评价.安徽农业科学，2013,41(04):1616-1618.

[39] 赵迪.天津市中心城区绿地的发展、现状及分析 // IFLA 亚太区，中国风景园林学会,上海

市绿化和市容管理局.2012 国际风景园林师联合会 (IFLA) 亚太区会议暨中国风景园林学会 2012 年论文集（下册）.上海：IFLA 亚太区，中国风景园林学会，上海市绿化和市容管理局,2012.

[40] 赵迪.天津市中心城区绿地格局演变概述.重庆建筑，2012,11(07):5-7.

[41] 李平.石家庄市城市绿地系统规划的创新探讨.现代园艺，2015,(22):153.

[42] 郭冬冬，张秋变，朱苏加，等.石家庄市绿地系统景观结构与空间布局模式.地理与地理信息科学，2012,28(03):72-75.